中国老白茶

年份茶品鉴收藏知识详解

吴锡端 周滨 —— 著

华中科技大学出版社
http://press.hust.edu.cn
中国·武汉

图书在版编目(CIP)数据

中国老白茶：年份茶品鉴收藏知识详解 / 吴锡端，周滨著. —— 武汉：华中科技大学出版社，2025.5. —— ISBN 978-7-5772-1732-1

Ⅰ. TS272.5

中国国家版本馆 CIP 数据核字第 2025E3G587 号

中国老白茶：年份茶品鉴收藏知识详解　　　　　　　　　　　吴锡端　周滨　著
Zhongguo Lao Baicha: Nianfencha Pinjian Shoucang Zhishi Xiangjie

策划编辑：杨　静	
责任编辑：康　艳	
封面设计：高鹏博	
责任校对：张会军	
责任监印：朱　玢	
出版发行：华中科技大学出版社(中国·武汉)	电话：（027）81321913
武汉市东湖新技术开发区华工科技园	邮编：430223
录　　排：孙雅丽	
印　　刷：湖北新华印务有限公司	
开　　本：710mm×1000mm　1/16	
印　　张：13.75	
字　　数：218 千字	
版　　次：2025 年 5 月第 1 版第 1 次印刷	
定　　价：88.00 元	

本书若有印装质量问题，请向出版社营销中心调换
全国免费服务热线：400-6679-118　竭诚为您服务
版权所有　侵权必究

老白茶的健康属性——再谈年份茶的价值

我是在 2024 年初,得知我的老朋友吴锡端先生和周滨女士合著了《中国老白茶:年份茶品鉴收藏知识详解》这本书。这不是他们第一次合作了,我曾在 2017 年就为他们第一次合作编写的《中国白茶》写过序。其实,我一直在关注他们对中国白茶产业发展的相关研究。在我看来,这样的研究是很有价值的,因为茶饮是一种健康饮品,只有深挖本质了解它的方方面面,才能为消费者做好品饮方面的指导。

作为学者,我率领团队在中国茶叶的年份茶领域做过一系列的研究。特别是 2011 年 5 月,吴锡端先生与福建品品香茶业有限公司董事长林振传先生一起来湖南农业大学找我,委托国家植物功能成分利用工程技术研究中心对老白茶进行系统研究,我们从化学物质组学、细胞生物学和分子生物学等方面探讨了老白茶延缓衰老、抗炎清火、降脂减重、调降血糖、调控尿酸、保护肝脏、抵御病毒等生物活性及其作用机制。通过对 1 年、6 年、18 年的白茶样品进行研究,我们发现,随着白茶贮藏年份的延长,陈年白茶在口感方面不断完善丰富,某些功效得到提升,贮藏价值也随之提高。

具体说来,由于老白茶与新鲜白茶相比,其原料成熟度相对较高,所以随着存放时间的延长,老白茶会逐渐由清香变为类似木香、药香的陈香,口感也会越来越醇和,而且回甘持久,大幅度提升了品饮时的感官享受。而当我们采用衰老动物模型研

究时发现，白茶提取物干预衰老小鼠，能够有效减轻与帕金森综合征和阿尔茨海默病相关的系列生理症状和代谢病变，这预示着白茶具有延缓衰老的潜在健康价值。

在日常生活中，老白茶与新白茶相比，其在调理肠胃、改善肠道菌群方面，也表现得更加优越。由于我们现代人有大量的交际活动，对于各类饮酒人群和爱吃海鲜的人群来说，老白茶可以有效调节他们的肠道菌群，调节糖脂代谢和蛋白质代谢，帮助他们控制血糖、血脂和尿酸，预防代谢型亚健康。

不过，白茶也不是光加上一个"老"字，就成了老白茶。我认为要让白茶品类乃至整个产业更好地发展起来，就需要明确其健康属性的具体内容，建立起完整的老白茶标准体系，这涵盖白茶的生产加工、品质管理、泡饮品鉴、仓储收藏等各个环节。要科学、严谨、系统地介绍老白茶年份与价值之间的内在逻辑关系，这样才能让饮茶人群更快地了解白茶，认知老白茶的品饮属性和健康属性，让白茶品类为人们带来健康、幸福、美好的生活。

让我欣慰的是，吴锡端先生和周滨女士在经过数年的筹备和系统调查研究后，在《中国白茶》的基础上，再一次超越自己，合著了《中国老白茶：年份茶品鉴收藏知识详解》这本新作，为曾经神秘的老白茶揭开层层面纱，为市场提供了一个认知标准，为消费者提供了一本实用指南，这是一项很有意义的工作。

我曾经说过，"不是你容颜易老，而是你喝茶太少"。这是把国内外关于茶叶延缓衰老作用研究的大量实验数据与科学结论，采用老百姓听得懂的语言表述出来。我们一定要从复杂的科学研究系统中走出来，用简单易懂的表述传播老百姓听得懂的科学知识。所以，我一直奉行从自己开始，用"大家都听得懂的表述"来诠释复杂的科学研究成果，也希望广大茶叶科技工作者都能做到深入浅出的阐述和多元化的表达。因为，只有当科技与文化联动，才能让茶叶及其产品的品质魅力和健康价值得到更好的传播，让中国茶的品牌传播得更远、站得更高，这样才能推动中国茶产业整体实现高质量发展。

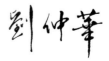

中国工程院院士、湖南农业大学教授

中国白茶的魅力在文化与健康

论及茶叶的种植范围，当今世界上的五大洲，有64个国家种茶，30个国家或地区能稳定出口茶叶，150多个国家或地区常年进口茶叶，160多个国家和地区已经有喝茶习惯。世界上有近一半人每天饮茶。茶叶行业举世瞩目，几千年来经久不衰。茶是生活必需品，也是精神食粮，还是典型的国家文化名片。除国际上的各种中国茶文化推广活动，茶文化早就是我国外交的一种智慧，茶事外交已成常态化。

茶产业是民生产业，种茶让茶乡的人民更富足，就目前来说，我国1085个产茶县中，有3000多万茶农的年收入一半以上依靠茶叶。中国茶，冠世界。中国是最早种植茶叶并形成茶文化的国家，发展到当代，全球共有64个国家在种植茶树。国际茶叶委员会公布的数据（2022年）显示，在影响世界茶叶经济的茶叶产量、种植面积、消费总量、出口量、出口金额和进口量6个要素中，中国茶至少有4个"世界第一"。中国茶叶对世界茶叶生产和消费影响巨大；我国茶园面积333万公顷，占全球62.6%，茶叶年产量为318.1万吨，占全球49.1%；年消费量为274.6万吨，占全球44.2%；年出口金额为20.8亿美元，世界第一。这就是中国茶文化、茶产业、茶科技的自信。

中国茶产业已迎来几千年来最好的黄金时代，茶产业年产值近万亿元。未来几年内，茶产业在中国市场的体量可能会超过酒行业，几十年内也会超

过烟草行业。中国茶产业步入人均年茶叶消费量超 1.5 公斤时代。中国迎来人人想学茶的时代，这是实实在在的"中国茶，冠世界"的骄傲，也是茶产业发展的新机遇。在这个发展势头下，我们又发现，近几年来白茶的生产和消费的增长率，是所有茶类中最大的。为什么呢？

从健康的层面说，中国白茶的特征性成分包括茶氨酸、咖啡碱（因）和茶多酚。其中茶氨酸具有镇静、抗焦虑、抗抑郁的功能，所以经常喝茶的人心态好、愉悦感强。茶氨酸还有增强记忆、增进智力的效果，非常适合备考的学生和"考公"人群。此外，它还可以改善睡眠。白茶中的咖啡碱（因），则是茶叶对人体具有提神益思、强心利尿、消除疲劳等功能的物质基础。一个人每天喝茶数杯，便可保持精神振奋的状态和敏锐的思维。另外，白茶中还含有丰富的茶多酚，茶多酚有很好的抗氧化、预防心脑血管系统疾病等功能。

从文化方面谈，中国白茶的特点就是中国茶的特点——丰富多样、清雅悠久，有着数之不尽的故事和传奇，让海内外的茶人、茶叶爱好者都为之倾倒。中国被誉为"茶的祖国"和茶文化的发源地，中国茶从刚出海时就成为上流社会的奢侈饮品，到通过"下午茶"文化在西方社会普及，再到如今与奶类、酒类等饮品的融合，靠的是一次次的文化碰撞。这么多年来，不论是线下讲座，还是线上媒体宣讲，我都不遗余力地推广茶文化。至今，我们主讲的国家级精品视频公开课"茶文化与茶健康"点击量超过 3000 万人次；共 95 讲的中国大学 MOOC（慕课）和智慧树平台大学共享课"中国茶文化与茶健康"，也有 600 多所大学的 30 多万人次修读过……说实话，只要能把中国的茶文化和茶健康推向全社会、带往全世界，就是一直奔走在路上，我也无怨无悔。

两位老友吴锡端先生和周滨女士近日著成新作《中国老白茶：年份茶品鉴收藏知识详解》，作为一名从事茶学教学与科研 30 多年的专业人士，我觉得这本书写得非常好，在白茶文化和白茶科技推广方面相当有价值，特别是在老白茶健康价值阐述方面有独到见解，能让大众更加了解白茶。白茶品类目前很热门，但是对年份白茶的标准判断和价值把握，还没有明晰的标准，吴锡端先生和周滨女士从白茶的生产加工、品质管理、泡饮品鉴、仓储收藏等多角度出发，做出了相当有意义的探索，迈出了宝贵的一步，可喜可贺！

愿天下所有爱茶人一起喝茶、喝好茶、喝明白的茶，喝出茶文化的自信和茶人的健康。

照顾好身边的人是我们的事业！让身边的人把茶杯端起来，是我们茶人的共同使命！喝一杯健康茶，让生活更美好！

《求是》特聘学者，教授、博导

（浙江大学茶学学科带头人，浙江大学茶叶研究所所长，中国国际茶文化研究会副会长，中国茶叶学会副理事长，浙江省茶叶学会理事长。）

目录
CONTENTS

第一章 详解老白茶

第一节	中国白茶的创制	002
第二节	中国白茶的发展	010
第三节	中国白茶的分类	019
第四节	中国白茶的加工工艺流程	024
第五节	白茶加工带来的物质变化	040
第六节	中国白茶的传统产区	052
第七节	中国白茶的新兴产区	065

第二章 品鉴老白茶

第一节	老白茶的品鉴和评级	082
第二节	紧压白茶的发展和品鉴	101
第三节	中国老白茶茶样详解	110
第四节	普通渠道中流通的老白茶	119
第五节	经典大厂和其他代表性品牌企业留存的老茶	130

第三章 收藏老白茶

第一节	老白茶的内含物质和感官变化	140
第二节	老白茶陈放过程中的香气变化	149
第三节	老白茶的健康价值	154
第四节	老白茶的市场形成和分析	160
第五节	火眼金睛，识破老白茶的"做旧"	169
第六节	存出理想风味老白茶的五大要点	176
第七节	教你做好老白茶的专业收藏	184

- 附录：白茶、紧压白茶国家标准　191
- 答谢名单　204
- 参考文献　205

中 国 老 白 茶

第一章

详解老白茶

第一节　中国白茶的创制

现代对于白茶起源的说法颇多，但各种古书中所记载的"白茶"，并非现代茶叶加工分类中所说的"白茶"——一是从品种的角度来说，古人常常将嫩梢芽叶黄化的茶树或白化的茶树都称为白茶，而其实它们很多是绿茶（比如安吉白茶、武夷岩茶的白鸡冠）；二是从加工工艺的角度来说，在明代以前的各类著作中，均无关于白茶的关键工序萎凋的描述与记载。而在生产技术很不发达的古代，一开始是没有制茶方法的，人们只是用自然晾青来处理茶树的鲜叶，这源于制草药所采用的方法，类似今天白茶的制作方法。白茶有可能是最古老的茶类。

不过，有一些细节是值得关注的，比如现存最早出现"白茶"的记录，是宋徽宗关于茶的专论《大观茶论》。他第一次明确记载"白茶"的类属，并称赞白茶"如玉之在璞，它无与伦也"。而早在北苑贡茶时期（宋太宗时期），当时建茶（宋代福建建安北苑凤凰山一带所产的茶）中的一种银线水芽的制法，就有现在白毫银针采制单芽的影子。

到唐代，诗人李白写过一首《答族侄僧中孚赠玉泉仙人掌茶》的诗作，其内容如下："常闻玉泉山，山洞多乳窟。仙鼠如白鸦，倒悬清溪月。茗生此中石，玉泉流不歇。根柯洒芳津，采服润肌骨。丛老卷绿叶，枝枝相接连。曝成仙人掌，似拍洪崖肩。"这里李白所说的"曝成仙人掌"，其实跟我们现在的萎凋工艺差不多，晾晒的过程中，茶叶叶片会卷曲，形状类似仙人掌。

明朝时，钱塘（今杭州）以见识广博、游遍大半个中国著称的文学家田艺蘅在其杂著《煮泉小品》里记载："芽茶以火作者为次，生晒者为上，亦更近自然，且断烟火气耳……"明确记载了白茶的制作工艺，跟现在白茶的传统制作技艺基本相近。而从田艺蘅所生活的时代——明代的嘉靖、隆庆、万历年间来判断，从明代的中后期开始，中国人基本掌握了白茶生产的技术。

即使掌握了技术，白茶生产的发展，也不是一蹴而就的。关于中国白茶的产业化起源，依照中国茶学家张天福的说法（张天福：《福建白茶的调查研究》），应该以清嘉庆元年（1796年）在闽东的福鼎创制银针作为标志。此外，另一位茶学家张堂恒也在其《中国制茶工艺》一书中记载："嘉庆元年（1796年）福鼎茶农采摘普通茶树品种的芽毫制造银针。"所以茶界一般都把1796年定为现代意义上的白茶的创制时间。

其实福鼎一直有制芽茶的习惯。明朝时期的福鼎商人，习惯将茶叶按等级出售，更高等级卖出更

▲ 宋徽宗赵佶《文会图》所描绘的宋代茶生活

▲ 福鼎大毫茶

第一章　详解老白茶　003

▲ 种植福鼎大白茶的茶园

高的价格，而决定茶叶等级的关键，正是芽头的质量。

不过，由于菜茶的茶芽细小，采摘制作都比较困难，所以没有推广。在中国，虽然适合制作白茶的茶树品种有很多，但要制作传统意义上的白茶，就必须选用茸毛多、白毫显露、氨基酸等含氮化合物含量高的品种，这样制出的茶叶才能外表披满白毫，有毫香，滋味鲜爽。

福鼎东海之滨的太姥山，历来被看作福鼎白茶的发源地。因为唐代的茶圣陆羽，早就在《茶经》中引用《永嘉图经》里的一句记载，说："永嘉县东三百里有白茶山。"后来，近代茶学家、制茶专家陈橼在著作《茶业通史》中，进一步明确了这个说法——永嘉县东三百里是大海，他认为其实应为南三百里，而南三百里就是现在的福鼎。明末清初时，写有《闽茶曲（十首）》、在茶事上颇有心得的文学家、诗人周亮工来到太姥山，赞誉此处"太姥声高绿雪芽，洞山新泛海天槎。茗禅过岭全平等，义酒应教伴义茶"。这是他为福鼎大白茶母茶树题的诗，现鸿雪洞中尚留有摩崖石刻。因此，太姥山鸿雪洞顶的"绿雪芽"古茶树被认为是福鼎白茶制作的原始"母株"。

转机出现在咸丰七年（1857年），来自福鼎点头镇柏柳村的茶商陈焕，在太姥山中发现了符合"芽壮毫显"要求的大白茶母树，带回乡里繁育良种，结果获得成功，这就是今天的福鼎大白茶。光绪六年（1880年），又是在点头镇，汪家洋村的茶农们选育另一白茶良种福鼎大毫成功，至此福鼎白茶才有了稳定发展的基础。

福鼎大白茶和福鼎大毫茶，就是我们今天所说的华茶1号和华茶2号，它们在1985年就被确认为"国优品种"，而《中国茶树品种志》更是把福鼎大白茶和福鼎大毫茶列为77个国家审定品种的第一位和第二位。这是因为在国家级茶树品种与省级认定茶树品种中，有25种茶树是以福鼎大白茶作为母树改良培育的，如福云系列、浙农系列、福丰和茗丰等。这足以说明福鼎大白茶优良的基因。

19世纪下半叶出现了来自闽北政和的白毫银针。相传，光绪六年，政和东城十余里的铁山镇农民魏年老院中有一棵野生的茶树（政和大白茶树），墙塌下来把树压倒后，竟然长出了新苗，当地人因此发明了压条繁殖衍生茶苗的新方法。之后，政和大白茶被逐渐推广，1889年人们终于制出了政和的白毫银针。

政和大白茶的茶芽比菜茶的茶芽肥壮数倍。政

▲ 绿雪芽茶母树

▲ 水仙茶树

第一章　详解老白茶

茶芽

和大白茶是芽叶上茸毛特多的无性系繁殖品种，采取压条或扦插方法进行繁殖，性状整齐。政和大白茶的叶片肥厚，叶面隆起，属中叶、迟芽、无性系品种，抗逆性（包括抗寒、抗旱、抗病虫）强，长势良好，能忍受寒冻，就是温度在零下三四摄氏度时亦少受冻害，所以在高山区的政和长势良好。

用政和大白茶制作的茶品质优越，产制的白茶以芽肥壮、味鲜、香清、汤厚为最鲜明的特色。政和大白茶的采摘主要集中在春季，由于其内含物质丰富，它的香气很高。

政和大白茶属紫芽种，酚类物质含量高，适制性很强，是生产白茶、绿茶、红茶的理想原料，具有清新、纯爽、毫香的品种特征。1965年，中国茶叶学会在茶树品种资源研究及利用学术讨论会上，向全国茶区推荐种植政和大白茶等21个茶树优良品种。1972年，政和大白茶被认定为中国茶树良种；1985年，政和大白茶被全国农作物品种审定委员会认定为国家级优良茶树品种。目前，政和大白茶主要分布在福建北部和东部茶区，尤以政和和松溪两地为主。

我们梳理一条时间线：中国白茶的核心产区之一——福鼎，在嘉庆元年（1796年）首创了银针以后，到咸丰七年（1857年）和光绪六年（1880年）分别发现了茶树良种福鼎大白和福鼎大毫，但直到光绪十一年（1885年）才始制商品化的白毫银针；而另一重要的白茶产区——政和，在光绪六年发现政和大白茶，到光绪十五年（1889年）才制出白毫银针。习惯上，人们把福鼎生产的银针称为

"北路银针",称政和生产的为"南路银针",而有时亦称白毫银针为"银针白毫"。

在白毫银针之后创制的是白牡丹,据张天福先生调查研究,它在1920年前后发源于建阳水吉(水吉旧属建瓯,现属建阳),然后被传到政和(包括现在的政和、松溪两县),并在该地大量生产。到了20世纪40年代,福鼎茶农也加入了白牡丹的制作行列(福鼎在改革开放以前产白牡丹较少,主要凭借白毫银针在出口市场上占领先地位)。

"水仙白"的创制略晚于白牡丹,它原产于建阳水吉。"水仙白"是以中国有名的茶树良种水仙来制作的白茶。据《瓯宁县志》记述:"水仙茶出禾义里(今小湖),大湖之大山坪。其地又有岩叉山,山上有祝桃仙洞。西墘厂某甲,业茶,樵采于山,偶到洞前,得一木似茶而香,遂移栽园中。及长采下,用造茶法制之,果奇香为诸茶冠。但开花不结籽。初用插木法,所传甚难。后因墙崩,将茶压倒发根,始悟压茶之法,获大发达。流传各县,而西墘之茶母至今犹存,固一奇也。"也就是说,水仙茶的原产地是大湖岩叉山祝桃仙洞前。相传因小湖方言"祝仙"与"水仙"音近,人们便称其为"水仙"。但还有一种说法,认为这种茶因有一股很幽柔的水仙花香,才得名"水仙"。

对此处茶树的发现,张天福早在1939年所撰《水仙母树志》中就做出论断:此乃水仙茶之母树。另据现代茶学家庄晚芳等人在《中国名茶》中的介绍:建阳、建瓯一带在一千年前就已经存在像

△ 茶枝

▲ 茶园

水仙这样的品种，但人工扩大栽培就只有三百年左右的历史。大约是清康熙年间（1662—1722年），移居到大湖村的闽南人，在发现这种茶树后，采用压条繁殖法，并在附近水吉、武夷山和建瓯等地传播开来。

水仙茶位列48个"中国国家级茶树良种"之首，又是全国41个半乔木大叶型茶树良种的第一个，还是唯一发源于福建建阳的茶树良种。20世纪70年代时，浙江、安徽、湖南和四川等省也曾引种水仙茶。1985年全国农作物品种审定委员会认定其为国家级优良茶树品种，编号GS13009—1985。如今中国的水仙茶，主要分布在福建北部、南部和广东的饶平，以及台湾的新竹和台北。

总体而言，水仙茶品质优秀，适制乌龙茶、红茶、绿茶、白茶等茶类。制乌龙茶，条索肥壮，色泽乌绿，香高，似兰花香，味醇厚，回味甘爽；制红茶、绿茶，条索肥壮，白毫显，香高，味浓；制白茶，则芽壮、毫多、色白，香清，味醇。

中国白茶中的"贡眉"，原产于建阳漳墩。1929年的《建瓯县志》中就有记载："白毫茶，出西乡，紫溪（今小湖、漳墩和水吉部分及建瓯龙村部分）二里……。"这里的白毫茶就是漳墩南坑村肖姓村民用菜茶品种制作的白茶，因其发源地而得名叫南坑白，当地老百姓俗称其小白或白子。而《水吉志》则记载，白茶在水吉紫溪里（今漳墩南坑）问世，约乾隆三十七年（1772年）到乾隆四十七年（1782年）创制。

世界白茶看中国，中国白茶看福建。关于中国白茶的创制和发展脉络，中国茶学家张天福在其《福建白茶的调查研究》一文中进行了概括总结："白茶制造历史先由福鼎开始，以后传到水吉，再传到政和。以制茶种类说，先有银针，后有白牡丹、贡眉、寿眉；先有小白，后有大白，再有水仙白。"

要指出的是，中国白茶在今日的声名，与它后来的市场发展有关，也与它的工艺、口感有关，更与当代茶界对它的各种推广、介绍分不开。可以说，它就是一个茶类传奇。这个传奇是怎么造就的呢？我们来看下一节。

第二节 中国白茶的发展

客观地说，中国白茶的发展应该分为三个阶段。而第一个阶段，从它问世的当时，一直延续到中华人民共和国成立的前夕。

一、白茶的近代浪潮

最先得到发展的是白毫银针。为什么是白毫银针呢？用清末民初的福鼎医学家卓剑舟在其著述《太姥山全志》中的一句话就能解释清楚："绿雪芽，今呼为白毫。色香俱绝，而犹以鸿雪洞产者为最。性寒凉，功同犀角，为麻疹圣药。运售国外，价与金埒。" 价与金埒就是与黄金同价，由此看来，白毫银针不但是民间养生保健的一种良方，而且其价值还得到了国际市场的认可。而事实上，白茶从诞生之日起，一直都是中国的外销特种茶，是极具中国养生保健文化内涵的特殊茶类。

直到 19 世纪末，白毫银针才成为商品茶，但一般被用来拼配红茶出口。究其原因，是一些欧美市场的消费者喜欢白毫银针的形态，讲究在喝红茶时加入少许白毫银针来增加美感、提高档次，这种做法成为一种时尚，

▲ 19世纪90年代，工人包装茶叶的场景

国外消费者的品饮习惯反过来影响中国茶商扩大白茶的生产和销售。白毫银针第一次出口是在 1891 年，在 1910 年以后，白毫银针开始畅销欧美，之后就源源不绝地销往欧亚大陆的各个国家和地区。

到了 20 世纪初，白毫银针迎来一个辉煌时刻：福鼎近代茶业史上最著名的茶商之一——福鼎点头柏柳村出生的梅伯珍，先后得到白琳棠园茶商邵维羡、福州马玉记老板和福茂春茶栈主人的信任，受邀与他们合股经营茶庄。"马玉记"茶号出品的白毫银针（产品的英文名称是 FLOWERY PEKOE，意思是"花香白毫"），参加了 1915 年的巴拿马万国博览会并一举摘得金奖，成了近代茶业史上的一段佳话。

1912—1916 年是白毫银针销售的极盛时期，当时福鼎与政和两地各年产 1000 余担，畅销欧美。第一次世界大战期间，中国茶叶的销欧之路中断，白毫银针的出口也受到了巨大影响。

第一章 详解老白茶

▲ "马玉记"白毫银针，1915年获得巴拿马万国博览会金奖

面对产业凋敝的情况，1936年，上海茶叶产地检验监理处（处长为蔡无忌，副处长为中国"当代茶圣"吴觉农）在福鼎白琳设立了办事处，专门验收白琳生产的白茶和其他茶叶。1940年，福建省建设厅创设示范茶厂，福鼎设白琳分厂采办茶叶。时任福建茶叶管理局局长的庄晚芳（中国近代茶学家、茶树栽培学科奠基人），专门聘请策划了白毫银针在巴拿马夺金的梅伯珍为福鼎茶叶示范厂总经理兼副厂长。梅伯珍当年即设白琳、点头、巽城三个分厂，采办茶叶五千八百多件。

1940年，中国现代制茶学的奠基人陈椽教授，就任福建省茶叶示范厂技师兼政和制茶所主任。他在政和做了四件事：一是收购毛茶加工成外销茶；把从各地收购的白毫银针，经过加工送往福州口岸。二是改进加工技术。他将以往毛茶加工用的七孔吊筛改制成木质筛床和加架活轮木框，安放三个筛面，由一人推动活轮上下抖动，生产功率提高三倍多。三是开展制茶技术测定，他还写

▲ 20世纪50年代的政和茶厂（政和县茶业管理中心供图）

出了几篇影响深远的论文：《政和白毛猴之采制及其分类商榷》（1941年《安徽茶讯》一卷10期）、《政和白茶（白毫银针和白牡丹）制法及其改进意见》（1941年《安徽茶讯》一卷11期）。四是调查政和茶叶情况，也写了两篇论文，即《福建省政和茶叶》（1941年《安徽茶讯》一卷12期）和《政和茶叶》（1942《万川通讯》）。

20世纪40年代前后是中国白茶发展最困难的时期。在其核心主产区福鼎，茶园面积从最高峰46900亩（1936年数据），急剧下跌，福鼎甚至闹起了饥荒，民不聊生。连年的战乱和匪祸，使得各大茶区的白茶生产都大不如前，质量也出现了很大的滑坡。当白茶产量和质量再一次回到正轨时，已经是新中国成立后的事了。

那么，中国白茶是如何回归正轨的呢？是靠当代茶人的毅力和国家茶叶管理部门的决心。自此，白茶发展的第二个阶段开始了。

二、白茶的现代中兴

1949年10月1日,中华人民共和国成立;1949年11月23日,以"当代茶圣"吴觉农为总经理的中国茶业公司成立;1950年2月,中国茶业公司福州分公司成立;1952年7月,中国茶业公司福州分公司更名为中国茶业公司福建省分公司;1972年,中国茶业公司福建省分公司更名为中国土产畜产进出口公司福建省茶叶分公司;1988年,中国土产畜产进出口公司福建省茶叶分公司再度更名为中国土产畜产福建茶叶进出口公司;最终,1999年12月22日,中国土产畜产福建茶叶进出口公司更名为福建茶叶进出口有限责任公司(需要特别指出,公司的这一系列更名行为,对白茶的生产和销售影响深远)。

▲ 20世纪50年代,中茶福建省公司评茶员训练班留影

1949年5月,位于闽北的建瓯解放。1950年2月,建瓯茶业部成立,同年4月中国茶业公司福州分公司建瓯茶叶收购处成立,收购建阳水吉、政和等地的乌龙茶、白茶、红茶毛茶进行精制加工。1951年,在国家贸易部、农业部

的指示下，中国茶业公司福州分公司成立了国营建瓯茶厂，由福建省贸易总公司分管，它成为闽北最大的茶叶加工基地。在一段时间内，这里负责大宗化的中国白茶的生产。

新中国成立后，1950年4月，中国茶业公司福州分公司在白琳康山广泰茶行建设福鼎县茶厂，同年10月该厂迁至福鼎南校场观音阁。原厂址改为福鼎白琳茶叶初制厂，负责收购白琳、磻溪、点头、管阳，乃至霞浦、柘荣、泰顺等地的茶青，经加工制作，销往国内外。如今已消失在历史中的国营福鼎茶厂湖林分厂（初制厂），位处磻溪湖林村，建于1957年，它也是新中国最早生产白茶的茶厂之一。

政和解放的时间比福鼎早几天，而政和茶厂的筹建是从1949年开始的，1951年，政和恢复白茶的生产，1954年，政和茶厂的厂房正式建成。刚开始时，政和茶厂属中国茶业公司福建省分公司（简称中茶福建省公司），后来被划归地方，改为政和国营茶厂。1958年，政和县又新建了国营政和稻香茶场。

在新中国成立之初，中国白茶的生产还没有恢复元气，无论是福鼎还是政和，到处是荒废的茶园。为了改变白茶产量低、供不应求、售价极高的局面，国家通过在福鼎、福安两地大量培植优良大白茶树种，又不断在茶叶产制上进行技术革新的方式，使得闽东白茶中的白牡丹和白毫银针产量不断攀升。此外，随着新栽茶树陆续开始采摘，茶园管理进一步改善，白茶产量实现逐年增长，市场价格也趋于稳定。

在闽北，1959年，福建省农业厅在政和县建立了大面积的良种繁育场，繁育政和大白茶树苗2亿多株，其种植区域除福建省其他县市外，还扩展到贵州、江苏、湖北、湖南、浙江、江西等省。

中茶福建省公司的前身是中国茶业公司福州分公司，它是新中国最早从事白茶贸易的公司，在计划经济时期，它对茶叶实行国有、集体、个体按茶类比例收购。

在1950年之前，由于白茶多年来均由私人生产和销售，所以1950年的白茶毛茶产量为1100担，但出口为0；1951年，白茶生产逐步恢复，当年产量达2526担，出口仅6担；1952年、1953年，白茶的收购份额公私各占一定比例，出口量不详；从1954年开始，由于国内各地区、各城市陆续完成了"三大改造"（对农业、手工业和资本主义工商业进行的社会主义改造），福建白茶的生产与出口全部改为国家统一采购、销售，具体由中茶福建省公司负责，每年的白茶生产计划也由中茶福建省公司下达。

中茶福建省公司在闽东、闽北茶区建茶厂或设立定点茶厂，统一管辖茶叶的收购、加工、运销、调拨业务，即由其收购毛茶，然后调拨给茶厂加工精制，最后按出口任务，由茶厂将精制茶装箱，发往福州口岸、广东口岸出口。1956年，中国茶叶公司又以茶类原产地划分口岸经营，使得白茶全部由福建的口岸出口。

从1957年开始，政和茶厂恢复白毫银针的制作，不过产量在当年只有区区的150市斤[1]，其中要分配140市斤给茶管处（福建省供销合作社茶叶管理处），剩下的10市斤才分配给中茶福建省公司。因为在这一年，中央下达了特别任务。在《福建省供销合作社茶叶管理处为下达1957年度留省礼茶数量》中，明确写道："对于福鼎茶厂之莲心、政和茶厂之银针，今年度由于供给外宾的需要，故中央特别提出要求我处加工。希望福鼎、政和两厂对该品种最好在首春采制时，尽先提早供应为要。"

1962年，福建省白茶全年的收购计划为3400担，其中建阳（今建阳区）2200担，松政（1960年，政和县与松溪县合并为松政县）800担（其中银针2担），福鼎（今福鼎市）400担（其中银针8担）。

闽北建阳茶厂成立的时间是1972年。而建阳茶厂成立的背景，是因为早期闽北地区的茶叶精制生产主要集中在建瓯茶厂，包括武夷岩茶、白茶、正山小种和闽北乌龙等等，因为各个品种的茶叶生产数量实在太多，茶叶加工受到限制，一些茶叶加工便逐步分到其他地区的茶厂。建阳茶厂完全依照国家计划负责茶叶的加工、生产和调拨业务，主要承担白茶和闽北乌龙茶以及烘青绿茶的生产任务。

---

[1] 市斤为旧制，1千克约为2市斤。

△ 中茶福建省公司现在的工厂园区

综上所述，在计划经济时期，中国各个茶叶主产区的白茶一直低调而执着地发展，作为外销特种茶，它从1956年的百吨出口量起步，到1977年出口量达到501吨，即使在"文化大革命"期间，也从来没有停滞。1968年，福鼎白琳茶叶初制厂正式诞生了中国的新工艺白茶。

三、白茶的当代机遇

20世纪80年代对所有人来说都是改革发展的年代。1984年，根据国务院75号文件精神，中国茶叶的产销彻底放开，实行多渠道、多层次、多形式开放的茶叶流通体制，国有、集体、个体一起上，参与茶叶的收购、加工、销售。1985年，茶叶流通体制开放，茶叶出口除由主渠道专业外贸公司专营外，实行多渠道经营。这是中国白茶发展的第三个阶段，白茶实现了真正意义上的市场化。

据福建茶叶进出口有限责任公司于 2014 年 5 月编写的《白茶经营史录》记载，在 20 世纪 80 年代，建阳以出口贡眉为主，兼有少量白牡丹；政和、福鼎以出口白毫银针、白牡丹为主；闽北白茶出口量每年 200～300 吨，闽东白茶出口量每年 100～120 吨。

1985 到 1990 年，第一批追赶浪潮的私营企业开始发展，但是由于白茶市场的特殊性，白茶的出口始终依托专业公司，中国白茶出口仍以福建省为主，由福建茶叶进出口公司在福州口岸出口。1988 年，福建省人民政府批准了地区外贸公司和市、县外贸公司的进出口经营权，情况再次改变。

1990 年以后，中国社会主义市场经济的改革步入高潮，从改革开放的最前沿深圳传回来的消息令人振奋，福建省内的一些茶厂开始自行通过各种渠道将白茶卖到香港、澳门。十年后，一些茶叶加工企业陆续有了自营出口权，它们通过广东茶叶公司代理出口白茶。

20 世纪 90 年代初，中国白茶以白牡丹、贡眉为主产品，兼有少量白毫银针及新工艺白茶。其中白毫银针和新工艺白茶主要由福鼎生产，贡眉由建阳生产，白牡丹则由福鼎、建阳、政和共同生产。及至 20 世纪 90 年代中后期，白毫银针、白牡丹、新工艺白茶这几大品种的出口地，已经扩大到欧盟国家和日本。而随着香港、澳门的回归和人们生活方式的转变，原本占据主流的贡眉、寿眉和新工艺白茶，基本被白牡丹取代。

市场竞争激烈，国有企业和私营企业共同促进了中国白茶的发展，而且带来了一个影响深远的结果：从 2006 年开始，福鼎白茶以政府牵头、企业抱团的形式，带头开拓内销市场，从而结束了白茶自清朝创制到现代都只有出口的历史。白茶创造了从没有市场到受人追捧的奇迹，其崛起速度之快堪称六大茶类之最。在福鼎白茶带来的市场示范作用下，政和白茶和建阳白茶也乘势崛起，并大放光彩，整个中国白茶产业呈现出"墙外开花墙内更香"的局面。

这是时代带来的机遇和风口。站在这样的风口，回望中国白茶的发展历程，我们完全可以说，是人民的智慧与努力，造就了不朽的传奇。

第三节　中国白茶的分类

"世界白茶看中国，中国白茶看福建。"说到白茶分类，我们现在所指的，都是六大茶类中的白茶，即陈椽于1979年在《茶业通报》上发表的《茶叶分类的理论与实际》一文中的界定："根据制法和品质的系统以及应用习惯上的分类，按照黄烷醇类含量多少的次序，（茶叶）可分为绿茶、黄茶、黑茶、白茶、青茶、红茶六大类。"

同时，在"白茶分类纲目"里，他也明确提出："白茶品质特点是白色茸毛多，汤色浅淡或初泡无色。要求黄烷醇类轻度地延缓地自然氧化，既不破坏酶促作用、制止氧化，也不促进氧化，听其自然变化。一般制法是经过萎凋、干燥二个工序。"白茶的制作工艺是不炒不揉，萎凋、干燥而成，这是它与其他茶类最根本的区别。

白茶具体怎么分类？我们的标准是，按照采摘的标准和加工工艺，进行区分。

一、白毫银针

白毫银针是白茶中最高档的茶叶。它全部采用单芽为原料制作，从观赏的角度看，其整个茶芽为白毫所覆盖，形态优美，令人赏心悦目。

白毫银针的芽头满披白毫，色白如银，形状如针，因此亦称为银针白毫。白毫银针主要采摘春茶第一二轮顶芽制成，到了三四轮，芽头较瘦小，有的采一芽二、三叶的新梢，再抽取芽芯，这种采用"抽针"制成的白毫银针外观肥大，但欠重实。白毫银针按产地不同分为北路银针和南路银针两种。

北路银针产于福鼎。其外形优美，芽头肥壮，茸毛厚密，富有光泽，香气清淡，汤色碧清，呈浅杏黄色，滋味清鲜爽口。南路银针产于政和。其芽瘦长，茸毛略薄，深绿隐翠，香气芬芳，滋味鲜爽浓厚，内质较佳。

按照国家标准，白毫银针的等级可分为特级、一级。

二、白牡丹

白牡丹的名称源自它的形态：因为白牡丹的外形毫心肥壮，叶张肥嫩，叶色灰绿，夹以银白毫心，呈"抱心形"，很像花朵；冲泡后绿叶托着嫩芽，宛如蓓蕾初放，故得此美名。

高等级白牡丹为清明前后采一芽一叶初展或者一芽二叶初展的细嫩芽叶制成。其他等级的白牡丹采一芽二叶为主，有的兼采一芽三叶嫩度适中的鲜叶制成。因产地、品种不同，白牡丹的品质也有所差异。

福鼎白牡丹，绿叶夹着银色的茶芽，外形呈花朵状，叶态自然，叶张肥厚，叶背遍布白毫，叶边缘微卷，芽叶连枝，汤色杏黄明亮，叶底呈浅灰色，滋味鲜醇。

政和白牡丹，以福安大白和政和大白为主，外表呈深灰绿色，芽和叶背披满银白色茸毛，具有芽肥壮、毫香鲜嫩的特色，汤色橙黄，滋味清甜鲜醇，入口毫味重。

建阳水吉产的白牡丹用水仙茶树品种的芽叶制成。芽瘦长，毫不多，色泽呈墨绿色，但滋味鲜甜，具有花香。

按照国家标准，白牡丹的等级可分为特级、一级、二级、三级。

三、贡眉

传统贡眉是由菜茶种（有性群体茶树）制成，制法基本同白牡丹，取春季的一芽二、三叶，经萎凋、焙干而成。其毫心明显，茸毛色白且多，干茶色泽灰绿，冲泡后汤色橙黄，味醇爽，香气鲜纯，叶底匀整、柔软。菜茶属中小叶种，因此外形叶张小，毫心也小。高级菜茶品种制成的贡眉微显银白，滋味清甜，带有花香，颇具特色。

现在市面上的贡眉，指的是在当季白毫银针和白牡丹制作结束后，采摘一芽二、三叶制作的贡眉，毫香及滋味鲜爽度不及白牡丹。

按照国家标准，贡眉的等级可分为特级、一级、二级、三级。

四、寿眉

寿眉是所有中国白茶中产量最多的一类，一般选用一芽三、四叶的春末茶青以及秋季的茶青制成，口感与白毫银针和白牡丹有较大区别。其叶张舒展，芽心较小或者不带毫心，叶色呈灰绿带黄，叶脉微红，冲泡后汤色杏黄，滋味鲜醇，香气较低。

新中国成立初期，由于市面上的贡眉、寿眉存在品质不一的问题，所以中茶福建省公司和福州商品检验处，于1954年联合在福州召开了乌龙茶、白茶研究会。会议决定将白茶划分为白牡丹（特级至三级）和贡眉（特级至四级）两个花色，取消寿眉花色，将寿眉并入贡眉花色。1960年的《关于输出茶叶检验标准若干修订的意见》又提出，将白茶分为白牡丹（特级至三级）、贡眉（特级至四级）、寿眉（不分级），这样寿眉又重新被列为一个单独的花色。

另外，在20世纪80年代以前，"寿眉"还是响应国家茶叶出口的需要，

白茶的分类

白毫银针

白牡丹

贡眉

寿眉

在国有茶厂大力发展时期所设立的一个外贸等级,多指原料比较粗老的"寿眉片"。

五、新工艺白茶

为了国家茶叶出口创汇的需要,1968年,中茶福建省公司为适应白茶主销区香港的需要,曾专门投入研发经费和技术人员,仿效台湾白茶的制法(在萎凋后需要进行杀青和轻度揉捻,在20世纪60年代的香港,这种制法的白茶很受欢迎),在福鼎白琳茶叶初制厂创造了新工艺白茶,并投放到香港市场,大获成功。

新工艺白茶的鲜叶等级类似寿眉和贡眉,但萎凋后经过轻度揉捻,干茶外形呈条索状,有类似乌龙茶的香气。虽然揉捻导致细胞壁破裂产生的理化反应是轻微的,但这与传统白茶的不炒不揉有根本性的不同。

新工艺白茶的特点:对原料嫩度的要求相对较低,其制作工艺为萎凋、轻揉、干燥、拣剔、过筛、打堆、烘焙和装箱。在初制时,原料鲜叶萎凋后,迅速进行轻度揉捻,再经过干燥工艺,使其叶张略有缩折,呈半卷条形,色泽暗绿略带褐色。新工艺白茶清香味浓,汤色橙红;叶底展开后可见其色泽青灰带黄,筋脉带红;茶汤味似绿茶但无清香,又似红茶而无酵感;其基本特征是浓醇清甘又有闽北乌龙茶汤的馥郁感。它的条索更紧结,茶汤味道更浓,汤色更深。

第四节　中国白茶的加工工艺流程

一、白茶的采摘

1. 时间

"早采一天是宝，晚采一天是草。"这句谚语说的是茶叶采摘对时间的要求。茶叶的采摘时间受产地、采摘质量要求和品种的影响。白茶在清明前后开采，福鼎开采的时间要比政和早，在同一个区域福鼎大毫茶、福鼎大白茶的开采时间早于福安大白，福安大白早于政和

▲ 采茶

大白。按照产品品质的要求，白毫银针的开采时间早于白牡丹、贡眉和寿眉。

张天福先生在《福建白茶的调查研究》中总结道："（春茶）可采到五月小满，产量约占全年总产量的50%。夏茶采自六月芒种到七月小暑，产量约占26%。……以春茶为最佳，叶质柔软，芽心肥壮，茸毛洁白，茶身沉重，汤水浓厚、爽口，所以在春茶中高级茶（特、一、二级）所占的比重大。……夏茶芽心瘦小，叶质带硬，茶身轻飘，汤水淡薄或稍带青涩。秋茶品质则介于春、夏茶之间。"秋天气候秋高气爽，很适合晾晒白茶，制作的茶叶品质优良。高山茶区早晚温差大，紫外线较强，漫射光多，生产的白茶香气高，滋味浓厚。

2. 天气

白茶的采摘还要看气候条件。白茶加工的关键工序是萎凋，因此采摘要选择晴天，尤以北风天最佳，北风从内地大陆吹来，空气干燥，如果太阳大、气温高，茶青在萎凋过程中容易失水，可以制出好的白茶。如果是遇到南风天就会差一些，太阳虽大，气温虽高，但从南边海上吹来的风湿度较大，茶青干燥较慢，生产的白茶容易出现芽绿、梗黑的情况。雨天和大雾天均不宜采制白茶。因此，过去白茶的生产受到天气、加工场地等条件制约，制优率不高，大家不愿意生产。现在可以采用室内加温来进行萎凋，有的可以在室内模拟太阳光，甚至通过控温控湿设备来对茶叶进行萎凋，避免了天气变化对加工茶叶的影响。但消费者还是更青睐自然条件下萎凋的白茶。

3. 等级

白茶的采摘还要满足原料等级的要求。采制银针以春茶头一二轮的品质为最好，其顶芽肥壮，毫心粗大。三四轮后多系侧芽，芽较小，夏、秋茶芽更瘦小，难以制成高级茶。

采制白毫银针，主要以福鼎大毫、福鼎大白、福安大白和政和大白为主。只在新梢上采下肥壮的单芽，头轮采的茶芽往往带有"鱼叶"，芽头饱满而且重实，制成白毫银针品质最优。也有采下一芽一、二叶，采回后再行"抽针"的，即以左手拇指和食指轻捏茶身，用右手拇指和食指把叶片向后拗断剥下，把芽与叶分开，芽可制成白毫银针，叶可拼入白牡丹原料。

采制白牡丹的要求也十分严格，特级白牡丹一般采大白茶品种一芽一叶初展及一芽二叶初展的细嫩芽叶，也有采摘菜茶和水仙品种的细嫩原料制成高级白牡丹的。特级白牡丹要求采得早，采得嫩，一般在清明前后开采。大多数的白牡丹要求嫩度适中即可，以一芽二叶为主，有的甚至是一芽三叶。原料过于细嫩，质量好，但会降低产量，采摘效率也不高，但如果采的原料太粗老，成茶的色香味形也会受到影响。

贡眉主要以菜茶品种为主，采一芽二叶和一芽三叶的原料制成。菜茶的芽小，只有嫩芽才符合产品的规格。以往贡眉中单独列有寿眉花色，在精制时会拼入一部分大白茶的粗片原料。寿眉在1953—1954年尚有生产，之后停制，至1959年外销市场又有需求，寿眉得以恢复。现在，市面上寿眉的产量最大，而且大多压制成饼茶。

二、白茶的萎凋

萎凋是白茶加工的"灵魂"，萎凋质量的好坏，直接决定白茶成茶的品质。萎凋是利用叶片水分蒸发和呼吸作用，使叶片内含物发生缓慢水解氧化的过程，它受温度、湿度、通风条件的影响。在萎凋过程中，茶叶挥发青气，增进茶香，产生甜醇的"萎凋香"，这对白茶的品质起着重要的作用。

萎凋方式主要有日光萎凋、室内自然萎凋、加温萎凋和复式萎凋。

1. 日光萎凋

如果天气晴朗，福鼎白茶大多采取日光萎凋。萎凋时，茶芽均匀地薄摊于篾箅或水筛上。篾箅是一种长方形的竹编工具，长2.2～2.4米，宽70～80厘米，利用0.2～0.3厘米宽的篾条编制而成，箅上有缝隙、没有孔洞，这种结构最适合白茶萎凋，茶芽的上下面都有空气流通，制成的白茶质量就有保证。水筛是一种具有大孔眼的大竹筛，径约100厘米，每孔约为0.5厘米见方，篾条宽1厘米左右。茶芽摊放，避免重叠，因为重叠的部分会变黑，摊好后将篾箅或水筛放在架上，置于日光下进行自然萎凋，不要用手翻动以免茶芽受损变

▲ 日光萎凋

红,或破坏茶芽上的茸毛。篦箅或水筛不可以直接放在地上,以免妨碍空气流通,使萎凋时间延长。萎凋历时 48～72 小时不等,制茶师凭借经验,根据气候、茶叶"走水"情况、茶色变化、茶叶的干度等调节萎凋时间。

2. 室内自然萎凋

政和白茶产区用此方法较多。室内自然萎凋的萎凋室要求四面通风,无日光直射,并要防止雨雾侵入,场所必须清洁卫生,且能控制温度、湿度。春茶室温要求 18～25℃,相对湿度 67%～80%。夏、秋茶室温要求 30～32℃,相对湿度 60%～75%。室内自然萎凋历时 52～60 小时不等。雨天采用室内自然萎凋历时不得超过三天,否则芽叶会发霉、变黑;在晴朗干燥的天气,采用室内自然萎凋历时不得少于两天,否则成茶有青气,滋味带涩,品质不佳。室内自然萎凋所需时间较长,占用厂房面积大,所需设备较多,并受自然气候条件的影响,所以应用范围受限。

室内自然萎凋的步骤如下:

（1）开筛

鲜叶进厂后要将老嫩分开，及时分别萎凋。白茶萎凋时把鲜叶摊放在水筛上，俗称"开筛"或者"开青"。开筛方法：鲜叶放在水筛后，两手持水筛边缘转动，使鲜叶均匀散开，要求摊叶均匀，动作迅速、轻快，切勿反复筛摇，防止茶叶受损。

由于开筛的技术要求高，也可以用手将鲜叶抖撒在水筛上，但动作要轻柔。每筛摊叶量春茶为0.8千克左右，夏、秋茶为0.5千克左右。摊好鲜叶后，将水筛置于萎凋室凉青架上，不可翻动。

（2）并筛

在室内自然萎凋过程中，要进行一次"并筛"，也叫"修衣"，主要目的是促进叶缘垂卷，减缓茶叶失水速度，促进转色。并筛的时机：白茶萎凋时间为35～45小时，萎凋至七八成时，叶片不贴筛，芽毫色发白，叶色由浅绿转为灰绿或深绿色，叶缘略重卷，芽叶与嫩梗呈"翘尾"，叶态如船底状，嗅之无青气时，即可进行并筛。小白茶为八成干时两筛并一筛。大白茶并筛一般分两次进行，七成干时两筛并一筛，八成干时，再两筛并一筛。并筛后，把萎凋叶摊成厚度10～15厘米的凹状。中低级白茶则采用"堆放"，堆放时应掌握萎凋叶含水率与堆放厚度。萎凋叶含水率不能低于20%，否则不能"转色"。堆放厚度视含水率多少而定：含水率在30%左右，堆放厚度为10厘米；含水率在25%左右，堆放厚度为20～30厘米。

并筛后，筛仍放置于凉青架上，继续进行萎凋。一般并筛后12～14小时，梗脉水分大为减少，叶片微软，叶色转为灰绿，达九五成干时，就可下筛拣剔。

（3）拣剔

拣剔时动作要轻，防止芽叶断碎。毛茶等级愈高，对拣剔的要求愈严格。特级白牡丹应拣去腊叶、黄片、红张、粗老叶和杂物；一级白牡丹应剔除腊叶、红张、梗片和杂物；二级白牡丹只剔除红张和杂物；三级白牡丹仅拣去梗片和杂物。

▲ 室内自然萎凋

3. 加温萎凋

春茶如遇阴雨连绵的天气，必须采用加温萎凋，加温萎凋可采用管道加温或萎凋槽加温萎凋。

（1）管道加温萎凋

管道加温是在专门的"白茶管道萎凋室"内进行。白茶热风萎凋设备由加温炉灶、排气设备、萎凋帘、萎凋鲜架四部分组成。萎凋室外设热风发生炉，热空气通过管道均匀地流通于室内，使萎凋室内的温度上升。一般萎凋室面积为 300 平方米，可搭萎凋帘 1200 个。萎凋帘由竹篾编成，长 2.5 米，宽 0.8 米，每个萎凋帘可放茶青 1.8～2 千克。萎凋室前后各安装两台排气扇，以确保

萎凋槽萎凋

热风萎凋房通风排气状况良好,特别要注意的是进风与排气口都应在近地面处。

室内温度为29～35℃,相对湿度为65%～75%。萎凋房切忌高温密闭,以免嫩芽和叶缘失水过快,致使梗脉水分补充不上,叶内理化变化不足,芽叶干枯变红。一般热风萎凋历时18～24小时,采用连续加温方式萎凋,温度由低到高,再由高到低,即开始加温1～6小时内室内温度控制在29～31℃,7～12小时内室内温度控制在32～35℃,13～18小时内室内温度控制在30～32℃,18～24小时内室内温度控制在29～30℃。当萎凋叶含水率为16%～20%,叶片不贴筛,茶叶毫色发白,叶色由浅绿转为深绿,芽尖与嫩梗显翘尾,叶缘略带垂卷,叶片呈波纹状,青气消失,茶香显露时,即可结束萎凋。

热风萎凋不但可以解决白茶雨天萎凋面临的困难,而且可以缩短萎凋时间,充分利用萎凋设备,提高生产效率。但由于白茶萎凋时间偏短,内含物化学变化尚未完成,为了弥补这一不足,还要对白茶萎凋叶进行一定时间的堆积后熟处理。具体做法:将萎凋叶装入篓中蓬松堆积,堆积厚度为25～35厘米,堆中温度控制在22～25℃,堆中温度不能过高,以免因温度过高使萎凋叶变红,若茶叶含水率过低则要增加堆积厚度,或装入布袋中,或装入竹筐中。堆积后熟处理历时2～5小时,有的甚至达几天。

(2)萎凋槽萎凋

萎凋槽萎凋方法与工夫红茶相同,但温度低些,在30℃左右,摊叶厚度也要薄些,通常在20～25厘米,全程历时12～16小时。萎凋后仍然上架继续摊晾萎凋。

待到萎凋叶嫩梗和叶主脉变为浅红棕色,叶片色泽由碧绿转为暗绿或灰绿色,青气散失,茶叶清香显露时,即可进行干燥以固定品质。干燥温度100～105℃,摊叶厚度3～4厘米,时间8～10分钟。

白茶热风萎凋不但解决了异常气候对白茶品质造成的影响,而且能缩短白茶加工生产周期,提高生产效率。

4. 复式萎凋

春季遇到晴天，可采用复式萎凋，所谓的复式萎凋就是将日光萎凋与室内自然萎凋相结合，一般大白与水仙白在春茶谷雨前后采用此法，这对加速水分蒸发和提高茶汤醇度有一定作用。复式萎凋全程进行2～4次、总历时1～2小时的日照处理。

▲ 复式萎凋车间

三、白茶的干燥

白茶的干燥方式有日晒干燥、电焙干燥和活性炭焙这三种。

1. 日晒干燥

过去，福鼎白茶强调晒干，只依靠阳光照射进行干燥，把握得好制成的白茶会有特别的阳光味。明代田艺蘅在《煮泉小品》提出"芽茶以火作者为次，生晒者为上，亦更近自然，且断烟火气耳"。但温度不稳定时，茶叶的含水率会偏高，茶叶贮存时容易出现水味，所以采用日晒方式干燥的茶叶，仍需与炭焙、电焙相结合。

2. 电焙干燥

电焙是目前白茶干燥最常用的方式，即利用烘干机，设定温度将茶烘干。白茶萎凋叶达九成干时，采用烘干机进一步烘干，烘干机进风口温度70～80℃，摊叶厚度4厘米左右，历时20分钟至足干。七八成干的萎凋叶分两次烘焙，初焙采用快焙，温度为90～100℃，历时10分钟左右，摊叶厚度4厘米，初焙后须进行摊放，使水分分布均匀。复焙采用慢焙，温度为80～90℃，历时20分钟至足干。一些厂家为了提高效率，保持白茶的绿色，减少青味，用120℃以上高温烘焙。电焙的优点是省时、省力、效率高，但缺点也是相当明显的。电焙的过程始终只是风热传递，会出现内外受热不均的情况，做出来的茶通常"有形无骨"，并且很容易含有焦味。

3. 炭焙干燥

炭焙是利用炭火对茶叶实现进一步烘干的过程，整个炭焙的流程费时费力，不仅要掌握炭火的温度，更是对制茶技术的一种考验。炭焙的优点是人通过调整炭灰的厚度控制火温，使火力稳定，茶叶受热均匀，有助于茶叶在烘焙的过程中均匀失水。长时间的炭火烘焙有利于促进茶叶内含物质更深程度地转化，后期茶叶的收藏价值更高。在藏茶圈子里，有"宁藏三年炭焙，不藏十年

▲ 炭焙用的木炭

电焙"的说法，炭焙的作用可见一斑。

4. 炭焙过程

炭焙需先选炭。什么炭好？古人对制茶所需的炭的品质进行了划分。深山树、山北树、果木因其生长周期长，树质密度高，是炭焙的首选；而生长周期短的树木，需慎用。

炭焙虽然不在室外进行，但天气对炭焙的影响也是至关重要的，因为空气的湿度和流通方向也会影响茶叶口感的形成。炭焙讲究温度适宜，最好选择吹北风的晴天，以便于制茶师把握温度、湿度。炭焙具体有以下几个步骤。

炭焙步骤

① 制茶师提前将木炭点燃并均匀烧透。

② 用草木灰均匀覆盖明火,以确保焙茶过程中温度的稳定,在焙笼里铺上一层棉布,即可开始焙茶。

③ 制茶师用手感知焙笼的温度。

④ 将茶叶均匀摊撒在棉布之上,保持一定的厚度,间隔一定时间翻动以保证茶叶受热均匀。

⑤ 开灰。通过调节草木灰覆盖的厚度来控制烘焙的温度,以使白茶受热均匀。

此外，焙火的时间根据制茶师想要突出的茶的特性而定。茶叶焙制完后下架，均匀摊晾于透气的棉布上，待茶叶凉透即可装箱。通常整个炭焙过程分为初焙、复焙、提香等多个环节。

现在更多选用暗火慢焙，炭焙时间较长，炭火温度为 70～80℃，焙面温度通常为 45～50℃，为了保持焙笼中茶叶均匀受热，每 30 分钟就要轻轻翻动一次，炭焙一次需要 3 个小时，有的甚至会长达 6 个小时。在长时间低温烘焙的过程中，白茶的内含物质会发生一系列转化，茶多酚、醛类等物质氧化分解，能够大大降低茶汤中的苦涩感；糖类、氨基酸、果胶质等物质会脱水转化为香气成分，造就高等级白茶的毫香蜜韵，产生更丰富的滋味和香型。

根据吴金全、孙威江等人的研究，炭焙干燥的白毫银针、白牡丹和寿眉的芳樟醇、香叶醇、2-苯乙醇和月桂烯的相对含量均高于电焙干燥的白茶。芳樟醇、香叶醇、2-苯乙醇和月桂烯是炭焙白茶的重要香气物质，香叶醇和月桂烯可以作为炭焙影响白茶香型的重要标志性物质。同时，在长时间的干燥过程中，茶叶中羰基化合物（还原糖类）和氨基化合物（氨基酸和蛋白质）间的美拉德反应相对剧烈，对白茶褐变和香气形成有一定的影响。与电焙白茶相比，经过炭焙的白茶汤感呈沙质的颗粒感，香气也展现出高级岩茶才会有的花粉香。

为什么茶叶经过炭火烘焙后香气会更加浓郁呢？安徽农业大学宁井铭教授团队在研究六安瓜片炭火烘焙中发现，炭火烘焙具有以下优点。

均衡性。炭火烘焙时，茶叶的受热方式与其他烘焙方法的受热方式不同。它释放出的热量相对高而均匀，除了正常的热辐射外，还伴有热对流，这使得茶叶的受热更为均衡，有助于释放茶叶内部的香气物质。

穿透性。木炭燃烧时可以放出远红外线，远红外线具有一定的穿透性，可以更好地将热量传递到茶叶内部，从而消散青气，激发香气。

匹配性。红外辐射遵循匹配吸收理论，即红外波长与被加热物料的吸收波长相匹配时，会发生共振效应，将辐射能转化为内能，从而达到加热的目的。水和有机化合物是茶叶主要成分，受官能团的影响，茶叶中每种成分都有特定的吸收范围波长。红外对于水和有机化合物在热量上的分配是影响茶叶品质优

炭焙和电焙白茶感官审评结果

茶样编号	外形	汤色	香气	滋味	叶底	综合评分
YZ-D	芽毫肥壮，色泽银白显绿，稍带鱼叶，洁净	浅黄较亮	有毫香，略带青气，持久，鲜	醇和，略带青味	芽肥壮，稍软亮，略带青张	90.40±0.89^a
YZ-T	芽毫肥壮，色泽银白灰绿，稍带鱼叶，洁净	浅黄明亮	毫香显，略带花香，较鲜爽	醇和，爽口	芽肥壮，软亮，较匀齐	92.80±0.45^b
MD-D	芽叶连枝，呈自然花朵形，芽尖显，叶面灰绿	黄较亮	香气稍浓，带毫香，鲜爽	稍醇厚，略带青味	较软亮，匀齐	91.20±0.84^a
MD-T	芽叶连枝，呈自然花朵形，芽尖显，叶面灰绿，条索紧结，略有皱缩	黄亮	香气稍浓，带毫香，鲜爽	稍醇厚	软亮，匀齐	92.20±0.84^b
SM-D	呈卷条形，色泽暗绿略带褐	橙黄较亮	纯正	醇正，稍粗	软稍亮，带梗	90.60±0.55^a
SM-T	条索紧结，略有皱缩，呈卷条形，色泽暗绿褐	橙黄明亮	纯正，略带花香	醇正，润滑	软稍亮，带梗	92.80±0.45^b

YZ-D：电焙银针　　YZ-T：炭焙银针　　MD-D：电焙牡丹
MD-T：炭焙牡丹　　SM-D：电焙寿眉　　SM-T：炭焙寿眉

注：不同小写字母表示不同等级白茶间差异极显著（$P < 0.01$）
数据来源：《炭焙和电焙白茶的关键风味物质和品质差异》（吴全金，周喆，漆思雨，吴颖，孙威江）

劣的关键。在中红外条件（3μm）下，水具有强烈吸收峰，而茶叶中的有机化合物，如蛋白质、氨基酸、多酚类、糖类、有机酸则更容易与远红外波段产生共振。因此，木炭烘焙茶叶可以减少水分的干扰，更多地将能量传递给茶叶中的有机化合物，促进部分香气前体更剧烈地降解成相应的香气物质，从而丰富茶叶的香气。

从品鉴角度来说，精心炭焙的白茶，冲泡后汤色更加干净清透，滋味厚重，汤感鲜甜顺滑，茶汤香气和口感都更加鲜明厚重，并且余韵持久，挂杯香也更加持久。

制茶师在制茶过程中经过不断摸索，在古法炭焙的基础上进一步提升，采用低温慢焙工艺，使炭焙不单只是一道干燥工序，同时还能提升茶品的风味以及口感的丰富度。通过不同的茶搭配不同的果木炭，采用调节炭火盖灰厚度控制炭火来炭焙，达到"新茶不寒，老茶更香"的效果，这是很多制茶师的共识。但与此同时，由于炭焙工艺对茶叶加工人员的相关经验和其在干燥过程中对温度变化的把控有很高的要求，所以业界内精通炭焙工艺的制茶师一直较少。电焙因为采用机器设定温度，并借助空气循环装置保证温度的稳定，在一定程度上解放了人力并提高了成茶的良品率，所以被更大规模地使用。

第五节　白茶加工带来的物质变化

白茶通过长时间的加工工艺流程，茶叶内部发生了深刻复杂的变化。

一、物理变化

萎凋过程中的物理变化，主要体现在鲜叶中的水分在萎凋过程中缓慢蒸发，刚采下来的鲜叶含水率为75%～80%，萎凋结束前的含水率低于40%，甚至降到20%以内。

二、化学变化

在物理变化的同时，鲜叶的内含物质也发生了一系列变化。叶绿素在水解和脱镁作用下，叶色由深绿转为浅绿，水浸出物含量由于茶多酚氧化和一些物质以香气形式挥发而减少，多酚类物质含量由于过氧化酶作用减少，酯型儿茶素水解为简单儿茶素，蛋白质在蛋白酶作用下形成氨基酸，多糖在多糖水解酶作用下形成单糖、双糖物质，茶叶中低沸点芳香物质减少，中高沸点芳香物质含量成倍增加，这些变化最终形成白茶特有的品质。

白茶萎凋过程中主要化学成分的变化

萎凋时长/h	干物质重量/(%)	总糖/(mg/g)	多酚类化合物/(%)	氨基酸/(mg/g)	可溶性氮占干物重/(%)	不可溶性氮占干物重/(%)
0	25.9	26.21	26.76	5.58	2.13	3.33
12		20.47	21.83	8.14	2.08	3.33
24		19.27	20.24	7.06	2.03	2.28
36	24.9	18.5	19.18	7.5	2.03	2.23
48		12.79	17.16	7.07	0.95	3.45
60	24.8	14.95	16.68	9.97	1.5	3.14
72			13.02	11.34		

数据来源：《制茶学》（安徽农业大学主编）

白茶萎凋过程中的主要反应

成分	反应	对品质影响
叶绿素	脱镁、水解	干茶色泽深绿变为浅绿
茶多酚	氧化、缩合	形成杏黄的汤色、减轻苦涩味
儿茶素	水解	脂型儿茶素水解为简单儿茶素，减轻茶汤的苦涩味
蛋白质	水解	氨基酸，形成白茶香气和鲜甜口感，同时与儿茶素邻醌结合成有色物质
多糖	水解	双糖、单糖，提高茶汤的甜度和黏稠度
芳香物质	挥发、合成	低沸点芳香物质减少，高沸点芳香物质增加，形成白茶"毫香、嫩香、清香、甜香"等特有的香气

第一章　详解老白茶

三、外形变化

白茶的外形要求芽毫肥壮，白毫显露。白牡丹要求芽叶连枝，叶背白毫银亮，干茶呈灰绿色。贡眉和寿眉的叶缘垂卷，干茶的色泽呈灰橄榄色至暗橄榄色。

叶缘垂卷、芽叶连枝，一是取决于鲜叶采摘标准和嫩梢质量；二是在萎凋过程中，叶背细胞失水比叶表快，引起叶背和叶表张力的不平衡，使叶缘由叶表向叶背垂卷。在白茶萎凋过程中，叶尖、叶缘、嫩梗失水速度有差异，叶尖、叶缘失水速度较快。带有气孔的叶背失水速度较叶面快，导致叶面、叶背张力不平衡。当芽叶含水率较低时，就会发生"翘尾"现象，即叶缘背卷、叶尖与梗端翘起。叶背和水筛离得较近，在力的作用下叶缘背卷受阻，因此在萎凋过程中要及时并筛，目的是防止出现平板状不良叶态，同时又能促进多酚类物质的氧化和转化，增加茶的滋味醇度，降低涩度。

四、色泽变化

白茶干茶色泽主要观察两个部分：一部分是白毫，另一部分是叶片的色泽。对于白茶来说，白毫显得尤为重要，是构成白茶品质特征的重要因子。它不但赋予白茶优美素雅的外形，也赋予白茶特殊的毫香与毫味。白毫的游离氨基酸总量以及茶氨酸、天冬氨酸、谷氨酸、丝氨酸、丙氨酸等组分含量显著高于茶身，茶树嫩梢的白毫具有高氨基酸含量和低酚氨比的特性，对白茶风味品质的形成具有重要作用。因此含毫量多的品种适合做成白茶，如福鼎大毫、福鼎大白、政和大白、福安大白，其中福鼎大毫白毫含量占茶叶干重的10%。白毫浓密而且有序，使得白毫银针、高级白牡丹的外形呈现银白色泽。

白茶萎凋过程色泽变化

鲜叶

白茶萎凋12小时

白茶萎凋18小时

白茶萎凋24小时

白茶萎凋36小时

白茶萎凋48小时

（拍摄人：贾留华）

白毫与茶身中主要内含成分的含量

样品	水浸出物/（%）	氨基酸/（%）	茶多酚/（%）	咖啡碱/（%）	占茶叶干重/（%）
白毫	28.91	3.28	24.96	5.54	13.5
茶身	49.23	2.65	32.13	5.89	86.5
白毫	28.00	3.18	23.90	5.30	11.8
茶身	47.88	2.46	29.64	5.85	88.2

（施兆鹏，1997）

在白茶萎凋过程中，通过摊放的厚度和通风光照等，以适宜的温度和湿度控制鲜叶的失水速度，促使叶绿素等主要色素物质发生一系列缓慢的转化变化。白茶萎凋前期，随叶内水分散失及细胞液浓度的提高，酶活性增强，这时叶绿素因酶促作用而分解。萎凋中后期，叶绿素因醌的偶联氧化而降解，同时由于细胞液酸度的改变，叶绿素向脱镁叶绿素转化。由于叶绿素 b 较叶绿素 a 相对稳定，所以随着萎凋不断进行，叶绿素 a 与叶绿素 b 的比例逐渐降低。在干燥过程中（晒干或烘干），由于温度的作用，叶绿素进一步被破坏。所有这些转化变化都必须控制速度，只有把握好度才能使白茶形成正常的色泽。

白茶加工过程中叶绿素向脱镁叶绿素的转化率为 30%～35%，这使得白茶叶色呈现灰橄榄色至暗橄榄色。此外，胡萝卜素、叶黄素以及后期多酚类化合物氧化缩合形成的有色物质等也对白茶色泽有影响。以绿色为主，带有轻微黄红色，并衬以白毫，呈现出灰绿色并显银毫光泽，这是白茶的标准色泽。

萎凋时温度过高，超出一定的范围，多酚类化合物强烈氧化，将导致白茶色泽产生红变。萎凋叶堆积过厚或机械损伤严重，将使叶绿素被大量破坏，暗红色成分大量增加，从而使叶片色泽呈暗褐色（铁板色）至黑褐色。萎凋时湿度过小，芽叶干燥过快，叶绿素转化不足，多酚类化合物氧化缩合产物太少，将使叶片色泽呈青绿色。这些都属于不正常的色泽。

▲ 颜色正常的白茶

▲ 颜色不正常的白茶

夏、秋寿眉出现红变的现象很常见。因为寿眉采摘的时间较晚，采得的鲜叶有的带嫩芽头，有的是成熟的叶片，还有的带着黄片。叶片的嫩度不同，其中的酶活性也有差异，相同的制作环境下，有的还保持着绿色，有的则发生红变，导致花杂，甚至有的一个叶片出现一半绿、一半红的现象。这是因为寿眉产量高，厂家在加工时不像白牡丹、白毫银针那么精细，茶叶在萎凋时出现受热不均的情况。

▲ 花杂白茶

第一章　详解老白茶

五、汤色变化

白茶经加工还会产生汤色的变化。

白茶最典型的汤色是杏黄色，低等级的寿眉会出现橙红色，这些主要是茶多酚在萎凋过程中氧化造成的。茶多酚是没有颜色的，氧化成茶黄素，茶汤就会呈现黄色；氧化成茶红素，茶汤就会呈现红色；再进一步氧化成茶褐素，茶汤就会呈现褐色。在萎凋初期，萎凋叶还能进行呼吸作用，这时多酚类物质的氧化还原尚处于平衡状态，因氧化所生成的少量邻醌又可为抗坏血酸所还原，因此此阶段没有次级氧化产物的累积。当萎凋18～36小时后，细胞液浓度增大，多酚类物质酶性氧化加快，产生的邻醌进一步次级氧化，但酶与基质未能充分接触，因而氧化缓慢而轻微，所生成的有色物质也少。萎凋中，过氧化物酶催化过氧化物参与多酚类化合物的氧化，产生淡黄色物质。这些可溶性有色物质与叶内其他色素成分综合形成了白茶杏黄或橙黄的汤色。

▲ 寿眉的汤色和外形

六、茶色成味物质变化

白茶滋味最大特色是"鲜"和"甜",这是什么原因呢?茶汤的滋味主要来自茶叶中的多酚类物质、氨基酸、咖啡碱和糖类物质,茶汤中的滋味是这些成分在茶汤中共同作用的结果。品种优,制作工艺好,这些物质就会使茶汤形成鲜甜的滋味。经检测结果表明,白茶的氨基酸含量,特别是茶氨酸的含量是六大茶类中最高的;白茶中的游离氨基酸含量为2.18%~4.17%,这是白茶的重要功能成分,具有增进茶汤的滋味、改善色泽和提高香气等作用。

我们通常会用酚氨比来反映绿茶和白茶的滋味品质,酚氨比就是茶多酚与氨基酸的比值,一般来说酚氨比低,鲜甜度高;酚氨比高,鲜甜度低。湖南农业大学杨伟丽教授等人采用统一原料,按照六大茶类工艺分别制成六大茶类的茶样,进行对比,结果表明白茶的酚氨比值为4.37,是六大茶类中最低的,这是白茶鲜甜滋味的基础。另外,白茶的黄酮含量最高,黄酮具有很好的消炎效果。

六大类茶主要生化成分

茶类	可溶性碳水化合物/(%)	氨基酸/(%)	茶多酚/(%)	黄酮/(%)	咖啡碱/(%)	水浸出物/(%)
鲜叶	11.78	1.592	23.59	0.128	3.44	45.6
白茶	12.5	3.155	13.78	2.205	3.86	31.9
绿茶	9.97	1.475	22.49	0.119	3.38	44.4
黄茶	10.57	1.361	16.71	0.115	3.09	27.6
青茶	9.06	1.425	12.78	0.132	3.09	27.9
红茶	8.06	0.97	7.93	0.155	2.99	23.9
黑茶	9.45	1.375	15.51	0.103	3.01	24.7

数据来源:《加工工艺对不同茶类主要生化成分的影响》(杨伟丽,肖文军,邓克尼)

七、影响白茶滋味的主要物质

1. 茶多酚

茶多酚的酶促氧化物,不仅是形成白茶外形和汤色的主要因素,同时也是构成白茶滋味的重要物质。白茶制造中多酚类物质将发生缓慢的氧化变化,其含量总体趋势是下降的。在萎凋初期,萎凋叶水分迅速散失,导致内部细胞液浓度增加,细胞液由中性向酸性发展,形成适宜酶活性的环境,使酶的活性提高。隔在多酚类氧化酶与茶多酚中间的膜变得更加通透,茶多酚与酶的接触增加,从而促进酶促反应。酶促反应形成了茶多酚的氧化物,比如茶黄素和茶红素物质,这些氧化物是构成白茶滋味、香气的物质基础。

湖南农业大学施兆鹏教授对白茶萎凋过程中的茶多酚含量进行测试,结果表明萎凋历时 69 小时,多酚类物质的含量比鲜叶减少 36.86%,其中在萎凋 24～30 小时及 36～48 小时期间出现两个含量减少的高峰期。在萎凋后期,当萎凋到八成干时,开始并筛,酶的活性减弱,由酶促反应逐渐变成非酶促反应,茶多酚氧化缩合产物增加,比如花黄素类物质开始产生,这是形成白茶特有的杏黄汤色和清甜醇爽的滋味的主要物质。在萎凋过程中,儿茶素类的部分氧化和异构化使儿茶素类各组分的比例发生了巨大的变化,特别是在干燥阶段,儿茶素类的变化最为深刻,酯型儿茶素减少最多,使得白茶茶汤苦涩味减轻,滋味更清醇。

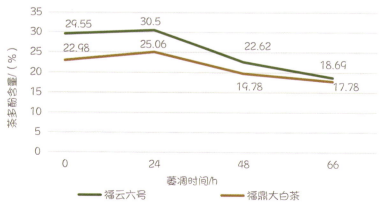

数据来源:《白茶制作过程主要化学成分转化与品质形成探讨》(刘谊健,郭玉琼,詹梓金)

● 白茶萎凋过程中茶多酚含量

2. 氨基酸

白茶萎凋时因芽叶失水，水解酶活性增强，蛋白质水解为氨基酸，使萎凋初期茶叶的氨基酸含量增加，萎凋开始时，鲜叶中氨基酸含量为 5.58 mg/g，经 12 小时萎凋后氨基酸含量增至 8.14 mg/g；萎凋中后期，当叶内多酚类物质氧化还原失去平衡后，邻醌与氨基酸作用生成醛，这是白茶的香气来源，此阶段氨基酸含量下降，萎凋 48 小时氨基酸含量降至 7.07 mg/g；萎凋后期，邻醌的形成被抑制，氨基酸才有所积累，萎凋 60 小时氨基酸含量增至 9.97 mg/g，72 小时氨基酸含量进一步增至 11.34 mg/g。萎凋后期氨基酸的积累有利于增进白茶滋味的鲜爽度，同时也为干燥过程中香气物质的形成提供基质。

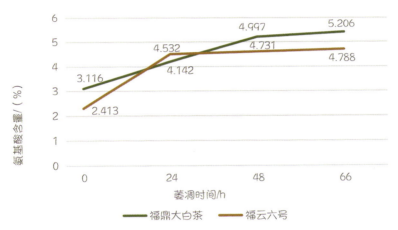

数据来源：《白茶制作过程主要化学成分转化与品质形成探讨》（刘谊健，郭玉琼，詹梓金）

● 白茶萎凋过程中氨基酸含量

3. 糖类物质

白茶萎凋过程中，芽叶失水，呼吸作用增强，叶内有机质减少。据有关研究报道，白茶萎凋干物质损耗为 4%～4.5%。萎凋过程中细胞失水，细胞内酶浓度增大，酶活性增强，有机物水解。在果胶酶作用下，果胶水解生成甲醇与半乳糖、阿拉伯糖等物质，参与构成茶汤的滋味品质，增加茶汤的黏稠度。淀粉在淀粉酶的作用下水解成单糖与双糖，这些是茶汤中的甜味物质，同时也使茶汤的浓度增大，我们喝到的茶汤中的甘甜味，就是单糖和双糖在发挥作用。

在萎凋前期，一方面由于呼吸作用糖类消耗，另一方面多糖水解糖类增加，但总的来说呼吸作用大于水解作用，使糖总量下降。萎凋末期，可溶性糖有所积累，一定程度上增加了茶汤醇和的滋味，也为后续的干燥期间香气的形成提供了一定的物质基础。

4. 生物碱

茶叶中的生物碱大部分是嘌呤类生物碱，以咖啡碱为主。与黄茶、绿茶、乌龙茶等不同茶类相比，白茶中的咖啡碱含量较高。咖啡碱是苦味物质，是白茶的重要滋味成分。咖啡碱的含量与茶叶的嫩度呈正相关，生产白茶的原料越嫩，咖啡碱的含量越高。白茶萎凋过程中，咖啡碱的含量变化不大，在白茶成品茶中，咖啡碱的含量甚至会略有增加。咖啡碱是茶汤滋味的主要成分之一，它与茶黄素以氢键缔合后形成的复合物具有鲜醇味。若工艺得当，咖啡碱可以大大提升茶汤的浓醇度。

5. 香气

白茶鲜嫩的品质与其较高含量的脂类降解产物有关，苯甲醛、苯乙醛等能使白茶感官上呈现清醇的香气特征。毫香是白毫银针和白牡丹典型的香气特征，这与其茶树芽叶上的芽毫有关，白毫根部腺细胞能分泌具有花香的萜类化合物。

白茶萎凋过程中，低沸点芳香物质如乙酸乙酯、正戊醇、异戊醇等，在萎凋前期明显减少，中期有所增加，后期再度减少。在低沸点芳香物质减少的同时，中、高沸点的香气物质几倍，甚至几十倍增加，如沉香醇、二氢茉莉内酯、顺式茉莉内酯、α-萜品醇、乙酸苄酯等，使白茶青气减退，香气出现。干燥是白茶提高香气、增进滋味的重要阶段。在此期间，在高温作用下，发生了一系列有利于白茶香气品质形成的化学反应，如一些带青草气的低沸点醛醇类物质挥发和异构化，形成带清香的芳香物质；氨基酸与多酚类物质相互作用形成新的香气成分；糖与氨基酸的焦糖化作用，使香气增加，增加了白茶的甜香。成品白茶的芳香物质无论是种类，还是总量，都有所增加。

白毫银针香气主要成分为醇类、醛类和酸类，分别占总香气成分的 40.76%、29.78% 和 19.72%，其余成分为酮类（2.32%）、酯类（3.06%）、碳氢化合物（1.74%）以及其他类型化合物（2.63%）。醇类和醛类在香气成分中占很大比例，总量高达香气成分的 70.54%。醇类和醛类与白茶鲜嫩、清醇及毫香显露等特征息息相关。

白牡丹香气含量最高，主要类别含量分别为醛类（38.62%）、醇类（38.60%）、酸类（14.65%）、酯类（3.37%）、酮类（2.56%）、碳氢化合物（1.45%）和其他类型化合物（0.75%）。芳樟醇和香叶醇均以白牡丹含量最高。芳樟醇具有铃兰香气，香叶醇具有温和且甜的玫瑰花香气，这些香气成分对茶叶品质形成具有重大影响。此外，白牡丹的香气成分还包括香叶基丙酮，它具有花香和木香味，有研究指出它能使茶汤香气更加圆润。

贡眉的主要香气成分含量由高到低依次为醛类（45.94%）、醇类（42.84%）、碳氢化合物（3.95%）、酮类（3.63%）、酯类（2.07%）、其他类型化合物（0.79%）、酸类（0.77%）。醇类和醛类物质共占总香气成分的 88.70%，总量超过了白毫银针，醇和醛构成白茶鲜嫩的香气品质，对白茶品质具有积极的作用。

寿眉的主要香气成分含量由高到低依次为醇类（39.84%）、醛类（24.26%）、碳氢化合物（15.68%）、酮类（6.74%）、酸类（5.97%）、酯类（4.16%）、其他类型化合物（3.36%）。寿眉中含雪松醇高达 10.69%，雪松醇又名柏木脑，是一种倍半萜醇。研究表明雪松醇具有芳香气味，带有松针气息。随着白茶等级降低，茶叶中的碳氢化合物含量逐渐升高，在寿眉中高达 9.61%，其中烷烃类物质较多，如二十三烷（3.33%）和二十八烷（3.62%），且烯烃类物质含量也高于其他等级白茶。二氢猕猴桃内酯在白毫银针和白牡丹中未检测到，在寿眉中含量最高，它带有香豆素香气和麝香气息。

第六节　中国白茶的传统产区

中国白茶的传统主产区分为福建闽东和闽北两大产区，这两大产区各有不同的核心白茶产区。

一、闽东主产区

1. 福鼎茶区

白茶产业化的起步时间是1796年，由福鼎茶农采摘普通茶树品种的芽毫制造银针开始。到咸丰七年（1857年）和光绪六年（1880年），当地分别发现了茶树良种福鼎大白和福鼎大毫。但直到1885年，福鼎人才终于开始用福鼎大白茶制作商品化的白毫银针。

福鼎白茶自问世以来，一直是具有强大优势的外销茶，直到第一次世界大战和第二次世界大战造成茶叶出口量断崖式下跌，发展遇到困难。

新中国成立后，福鼎创立了国营福鼎茶厂、白琳茶叶初制厂，一开始以生产红茶为主，专供苏联。到20世纪50年代末，中苏关系紧张后，受国际关系的影响，福鼎茶产业进行相应的调整。20世纪60至80年代，全县

▲ 1950年4月,中国茶业公司福州分公司在白琳康山广泰茶行建设的福鼎县茶厂原址（福鼎茶办供图）

茶叶生产"红改绿",有相当长一段时间,全县主打产品是绿茶与茉莉花茶。当时福鼎茶厂主要生产绿茶和茉莉花茶,白琳茶叶初制厂则主要生产供应国外的白茶。

20世纪60年代,为了应对台湾白茶挤占香港市场份额的影响,中茶福建省公司从1964年开始,在白琳茶叶初制厂开始试制新工艺白茶,并在1968年研制成功,1969年投放香港市场,受到市场认可。

1984年,国务院批转商业部关于调整茶叶购销政策和改革流通体制意见的报告。在这份报告中,茶叶由二类商品改为三类商品,内销茶和出口茶实行议购议销,开展多渠道流通。中国茶叶市场从此全面放开,打破了多年来完全封闭式的流通体制。

1993年,国营白琳茶叶初制厂宣告破产。1997年,国营福鼎茶厂倒闭,国有茶厂在福鼎茶产业中正式退出了历史舞台。

现今福鼎白茶的主产区,主要分布在国家风景名胜区太姥山山脉周围的点头、磻溪、白琳、管阳、叠石、贯岭、前岐、佳阳、店下、秦屿和硖门等17个乡镇,其中磻溪、管阳、点头的名气都很大。

▲ 1965年，纪念福建省揉茶机鉴定工作会议留影。前排左三为茶学家张天福（福鼎茶办供图）

磻溪的茶园面积号称福鼎第一，3万亩茶园和6万亩绿毛竹错落生长在一起。整个磻溪溪多山高、生态良好，森林覆盖率接近90%，绿化率超过96%，拥有福鼎市唯一的省级森林公园大洋山森林公园和最大的林场国有后坪林场，茶叶种植环境得天独厚。

管阳在福鼎以高山茶区著称。这里大大小小的山峰共有144座，最高峰是海拔1113.6米的王府山，而管阳的大部分村庄都建在海拔600米左右的地方。因为是高山区，所以管阳茶叶的采摘时间会晚一点。这里海拔高、温度低，常年雨量充沛、云雾缭绕，拥有非常适宜茶叶生长的小气候。而在这种气候条件下，这里白茶的茶多酚含量要高于其他海拔较低地区的白茶。

2006年开始，福鼎市政府打出"福鼎白茶"这个地方茶叶公共品牌，全面提升福鼎茶区在全国的知名度和茶叶市场占有率。

2009年2月,福鼎白茶成功注册国家地理标志证明商标。

截至2022年,福鼎白茶的品牌价值已突破50亿元,福鼎白茶的综合产值超过100亿元。

2. 闽东其他茶区

在闽东茶区,除了福鼎以外,周边的福安、柘荣、寿宁等地均有少量白茶生产。

福安市穆阳镇高岭村是福安大白茶的原产地。福安大白茶是半乔木型无性系优良品种,福安地区从20世纪60年代初期开始繁育、推广福安大白茶,1983年福安大白茶被全国茶树良种审定委员会认定为国家级茶树良种后,其推广范围不断扩大,目前估计福建省内外栽培面积超过5万亩。它具有以下特点:第一,无性繁育成活率高,幼苗生长整齐;第二,顶端生长优势强,茶树生长旺盛,成园快;第三,萌芽早,休眠迟,生长期约240天;第四,芽梢肥壮,芽毫显露,产量高;第五,抗逆性强,栽培适应性广;第六,制成红、绿、白茶品质皆优。

新中国成立后,在20世纪的50、60年代,闽东的福安地区陆续建立国有茶叶加工厂,成立了赛岐初制厂、阳头初制厂、水门初制厂等,建于1950年的国营福安茶厂(其前身为1940年在福安城关阳头创办的福安示范茶厂)和福鼎茶厂共同扛起闽东白茶的计划生产任务。

20世纪90年代,国营福安茶厂关停结业。

2021年,福安白茶成功注册国家地理标志证明商标。

柘荣在古代与福鼎同属长溪县,唐宋史书均记载白茶发源地在长溪县"海山之巅峰",所指便是太姥山。根据各类茶书的记载,环太姥山地区的土壤、气候十分适合种植白茶,柘荣县打造了柘荣高山白茶品牌。柘荣高山白茶以"芽叶厚嫩柔软、香气高扬、甜醇细腻有层次、回甘无息、韵味足、鲜爽度好"等特点受到市场肯定。

除福鼎茶区以外,目前闽东其他县市的白茶都处于恢复和发展的状态。

二、闽北主产区

1. 政和茶区

政和是一个历史悠久的茶区。

北宋时,政和还是建州府(北宋时属福建路,辖今福建省西北部及南部部分区域)下的一个小县,名为关隶。公元 1115 年,关隶向宋徽宗进献了一款贡茶极品而得到赞许,之后,宋徽宗便把年号"政和"赐给这个位于闽北的小县。这是中国历史上第一个以年号来命名的地方。

政和自古就是农业县。它地处福建闽江的源头,目前县域内几乎没有化工业和重工业,自然和生态资源非常突出。政和是中国锥栗之乡、竹茶之乡、全国最大的白茶基地,县内有福建省重点林区、茶叶基地、茉莉花基地。全县山地面积 223 万亩,森林覆盖率高达 71.6%。

政和地处武夷山脉东南的鹫峰山脉,全境气候属亚热带季风湿润气候,高山多,山林的海拔落差和早晚温差大,平均海拔 800 米,年平均气温 16℃左右,年降水量 1600 毫米以上,土壤以红壤、红黄壤为主。土壤湿润,气候温和,山里常年云雾缭绕,这是茶叶生长的理想环境。政和县最大的一个乡镇澄源乡,其森林覆盖率达到了 84%,该乡茶叶种植面积居政和县首位。

政和白茶同样是因为民间发现了优良茶种大白茶并大量繁殖后,于清代中期开始发展。到 20 世纪初,政和"茶叶种类繁多,其最著者首推工夫与银针,前者远销俄美,后者远销德国;次为白毛猴及莲心专销安南(即越南)及汕头一带;再次为销售香港、广州之白牡丹……实为政和经济之命脉"。(陈椽:《福建政和之茶叶》,1943 年)

所以《政和县志》中,有"茶兴则百业兴,茶衰则百业衰"的说法,说明茶叶是政和的支柱产业。而在新中国成立以前,政和县的茶叶生产、收购、加工和经营等皆由商贩和茶商把控,国家并未设立管理机构。

1949 年,政和解放。1951 年,政和恢复了茶叶生产,制作白毫银针、绿

▲ 政和白茶高山生态基地（福建省政和云根茶业有限公司供图）

茶等。到了1952年，政和县人民政府设立茶叶指导站，负责全县茶叶生产和技术指导工作，当时茶叶收购由政和茶厂负责。1954年，政和茶厂新厂房建成并投入使用。刚开始建立时，政和茶厂属于中茶福建省公司，后来被划归地方，改为政和国营茶厂。

20世纪50、60年代，政和国营茶厂是政和唯一一个白茶生产企业。由于当时的茶叶属于国家二类物资，茶叶购销企业均为国有，所以每年必须由隶属于政和县茶业局的东平茶业站代为收购白茶毛茶，而后调拨到政和国营茶厂加工，白茶成品装箱后被卖到中茶福建省公司，再出口外销。

1956年，政和县的茶叶收购归农产品采购局负责，下设城关、东平、外屯、澄源茶叶收购站。1958年县茶叶科成立。同年，政和县又新建了国营政和稻香茶场。1959年，福建省农业厅在政和县建立了大面积的良种繁育场，繁育政和大白茶树苗2亿多株，其种植区域后来扩展到福建省其他县市，以及贵州、江苏、湖北、湖南、浙江、江西等省。

新中国成立后，为适应苏联市场，政和开始大量生产红茶（"政和工夫"）。1958年后，白毫银针停制，1985年后才恢复生产。20世纪80年代

▲ 20世纪60年代政和茶叶包装系列（政和县茶业管理中心供图）

以前，政和白茶采用统购统销的生产销售方式。20世纪90年代以前的政和白茶存量极少。

在茶树品种方面，政和传统的茶树品种是平原茶区的政和大白茶和高山茶区的有性群体菜茶品种，在20世纪60年代后期，政和县的国营稻香茶场首先引进少量福鼎大白和福鼎大毫等品种。20世纪80年代初，政和县大量引进福云六号、福鼎大毫、福安大白茶、梅占等特早芽和早、中芽优良茶树品种来丰富整个地区茶叶的品种结构。政和县内的石屯、东平、熊山等地均是白茶的重要产区，分别种植福安大白茶、政和大白茶、福云六号等品种。

在制作工艺上，政和白茶的加工工艺与福鼎白茶有所区别，属全萎凋轻微发酵茶。在晴好的天气条件下，将鲜叶均匀地摊晾在水筛上，置于通风的专用茶楼里进行自然晾青（萎凋），既不破坏酶的活性，也避免氧化，逐步形成政和白茶独特的色、香、味品质。待鲜叶晾青达八九成干后，进行烘干，形成毛茶，将毛茶精心拣剔、匀堆、复烘、装箱，即成政和白茶。

20世纪90年代，由于国家茶叶流通体制的变革，政和国营茶厂和国营政和稻香茶场先后退出了历史舞台。而过去政和国营茶厂的职工,后来大多"下海"创办了自己的企业和品牌。

2007年,国家质检总局批准对政和白茶实施地理标志产品保护,保护范围为政和县现辖行政区域。2008年,政和白茶被国家工商总局(今国家市场监督管理局)商标局核准注册地理标志证明商标;2009年12月,政和白茶被认定为著名商标;2008年10月,政和白茶国家标准颁布实施。

截至2021年,政和县茶叶总产量1.75万吨,产值20.66亿元,茶叶全产业链产值突破40亿元,其中白茶产值16.87亿元。2022年,政和白茶的品牌价值达60.19亿元。

2. 建阳茶区

建阳是福建省最古老的五个县邑之一,位处闽北武夷山南麓,建溪上游。原属建瓯县的水吉在1940年升为水吉县。1956年,水吉撤销县制,划归建阳,并置回龙区、郑墩区、小湖区及水吉镇。1994年3月,经国务院批准,建阳撤县建市(县级市)。2014年5月,国务院批复同意南平市行政区划调整方案,同意撤销建阳市,设立南平市建阳区。2015年3月18日,南平市建阳区正式成立。

建阳是北苑贡茶的核心发源地之一。早在北宋年间,制作北苑贡茶的茶区有官私茶焙共一千三百三十六焙,其中官焙三十二焙为朝廷官办,分别分布在今建溪流域的建瓯、建阳、政和和南平等县市,以建瓯市境内的凤凰山(东峰镇)一带的东山十四焙之北苑龙焙为核心,方圆三十余里。

20世纪80年代,在进行文物普查时,人们在建瓯市东峰镇裴桥村焙前自然村西约2千米的林垅山发现了一处摩崖石刻,上面有对宋代茶事的记录:"东东宫,西幽湖,南新会,北溪,属三十二焙。"这是北宋漕臣柯适的题记,他所记"东、西、南、北"指北苑三十二焙之方位,"东宫、幽湖、新会"为官焙名称。其中东宫在今政和县的西面;西幽湖(应为北幽湖)为今建阳区的小湖方向;南新会为今建瓯市的小桥镇一带。

建阳茶叶制作历史悠久,不但是白牡丹和贡眉白茶的原产地,还孕育出了

▲ 记录了北苑御焙盛事的"凿字岩"

▲ 建瓯东峰北苑御焙遗址

白茶中最高香的水仙白。

白牡丹创制于建阳水吉。道光元年（1821年），水吉当地发现了水仙茶树品种并引进大白茶树种。同治年间（1862—1874年），水吉白茶的生产有很大发展。最早以水吉小叶茶芽制的银针，称为"白毫"，到19世纪后期，水吉以大叶茶芽制成高级白茶白毫银针，并在1920年前后首创白牡丹获得成功。

贡眉白茶始创于建阳漳墩。据地方文献《水吉志》记载，"白茶"在水吉紫溪里（今漳墩南坑）问世，约在乾隆三十七年（1772年）到乾隆四十七年（1782年）这段时间创制。1929年出版的《建瓯县志》也记载："白毫茶，出西乡，紫溪二里……"这就是漳墩南坑村村民用菜茶品种制作的白茶，因发源地而得名南坑白，当地老百姓俗称小白。

水仙白的制作原料是中国有名的茶树良种——水仙，水仙茶分为以武夷、建阳、建瓯制法制成的闽北水仙和以永春水仙为代表的闽南水仙两种。根据《瓯宁县志》记述："水仙茶出禾义里，大湖之大山坪。其地又有岩叉山，山上有祝桃仙洞。西墘厂某甲，业茶，樵采于山，偶到洞前，得一木似茶而香，遂移栽园中。及长采下，用造茶法制之，果奇香为诸茶冠。但开花不结籽。初用插木法，所传甚难。后因墙崩，将茶压倒发根，始悟压茶之法，获大发达。流传各县，而西墘之母茶至今犹存，固一奇也。"

张天福在1939年所撰的《水仙母树志》中曾对此做出论断："此乃水仙茶之母树。"另据现代茶学家庄晚芳等人在《中国名茶》中的介绍：建阳、建瓯一带在一千年前就已经存在像水仙这样的品种，但人工扩大栽培就只有三百年左右的历史。大约是在清康熙年间（1662—1722年），移居到大湖村的闽南人，在发现这种茶树后，采用压条繁殖法，并在附近水吉、武夷山和建瓯等地传播开来。

1949年以前，建阳水仙茶一直是茶价高、效益好的贸易茶类，但因为水仙茶鲜叶的采摘时间高度集中，而农户劳动人力少，茶叶常常粗老影响收益，当地茶农们便想了一个办法——"先挑白，后制水仙香"，即分先后两批采制：第一批，等水仙茶树上长出一芽三、四叶时，就"挑白"——采一芽二叶，晾干制成白茶，叫"水仙白"；第二批，开面采三、四叶制"水仙香"，以达到不粗老的目的。

新中国成立后，随着时代的发展，建阳在引进政和大白茶等大白茶树品种后，逐渐将水仙白（毛茶）与其他大白茶树品种采制的白毛茶拼配精制加工为白牡丹，以水仙特殊的品种香来提高成品白茶的香气，这就是现代意义上的建阳水仙白，不过产量并不多。

此外，建阳水仙白的传统制作技艺一度失传多年，直到2014年4月，建阳市（今建阳区）委市政府拨出专款，启动了恢复建阳水仙白传统技艺项目。最终，在农业农村局与茶业协会成立的专家组的努力下，项目获得了成功。

新中国发展的初期，闽北地区的茶叶精制生产主要集中在建瓯茶厂，包括武夷岩茶、白茶、正山小种和闽北乌龙等等，后来因加工实在受限，才逐

▲ 建阳水仙白的传统制作技艺在2014年得到恢复

步分到其他地区的茶厂。国营建阳茶厂成立于 1972 年,到 1979 年建成投产。国营建阳茶厂建成后,承担了中国白茶的加工任务。

此外,在"文化大革命"期间,为了简化产品结构,中茶福建省公司与建瓯茶厂协同创新,通过对大、小白进行不同比例的拼配,做成一个出口产品,称为"中国白茶"。1979 年,建阳茶厂又恢复了传统白茶的做法,把小白茶和大白茶分开,重新恢复了贡眉、寿眉和白牡丹的生产。

20 世纪 90 年代后,国营建阳茶厂成为历史,而原本给建阳茶厂供应原料的茶农们,陆续开办了茶厂,创立了建阳地区最早的茶叶私营企业和品牌。

2012 年 3 月,建阳白茶被国家工商总局商标局核准注册地理标志证明商标。2019 年 9 月,漳墩镇获评"中国小白茶之乡"称号。之后,建阳区在建阳白茶以外,又成功注册了建阳水仙、小湖水仙、漳墩贡眉白茶三个地理标志证明商标。

近年来,建阳区委区政府大力扶持白茶产业发展,在鼓励茶农生产的同

◆ 万担茶乡漳墩的茶园

时，统筹推动"茶文化、茶产业、茶科技"高质量发展，不断做优做强白茶产业，2022年，建阳白茶的品牌价值评估达到19.45亿元，实现了划时代的突破。

3. 闽北其他茶区

清代时，闽北茶区包括建宁、延平和邵武三府，共辖十几个县，产茶区主要分布在瓯宁、建阳、崇安一带。瓯宁是古县名，1913年与建安县合并，改设建瓯县，现为建瓯市（县级市）。

建瓯是宋代北苑贡茶的核心产区之一，是闽北乌龙茶发源地和现今全国最大的乌龙茶主产区之一。建瓯的茶树品种，既有本地种，也有外来种。本地种包括两类：一是经国家有关部门鉴定的良种，其中最著名的为水仙及矮脚乌龙、肉桂、大红袍等；二是菜茶，建瓯的菜茶基本为小叶种，有紫芽、青芽、白芽等。外来种指从闽北以外地区引进的品种，也有两类，一是清末民初从闽南引进的铁观音等；二是近些年来引进的推荐良种，如梅占、奇兰、金观音、黄观音等，大部分属于高香型品种。

计划经济时代，建瓯茶厂是国家在闽北地区创建的唯一一家以茶叶精制加工为业务的骨干企业，它一度成为福建第一茶厂。建瓯茶厂自1951年4月创办开始，就作为省级茶厂负责加工精制除"政和工夫"以外的所有茶叶，包括武夷岩茶。建瓯茶厂历年生产的产品，青茶类（乌龙茶）有闽北水仙、闽北乌龙、武夷水仙、武夷奇种等；红茶类有正山小种、烟小种；白茶类有白牡丹、贡眉、寿眉及副产品；绿茶类主要分特级至三级绿茶。

到20世纪70年代末，建瓯茶厂由于加工能力达到了极限，便将部分任务分到其他地区的茶厂。1979年以前，闽北所有白茶均归建瓯茶厂生产，建阳茶厂在1979年建成投产后，闽北白茶各自分开加工，政和茶厂生产白牡丹，建阳茶厂则生产贡眉、寿眉和水仙白。

2000年12月31日，因为在社会主义市场经济的发展中未能及时适应形势变化，连年亏损的建瓯茶厂宣告破产。

在建瓯以外，松溪也是重要的白茶产地。闽北茶叶志《建茶志》曾记述

"最早见于文字记载的建茶，始于唐代"；建茶产区范围则"包含闽北之建溪两岸及其上游，东溪之北苑，壑源和崇阳溪之武夷以及延平"。松溪县地处建溪上游，唐代属建宁县东平乡，正是建茶产地之一。

松溪县地处闽北边陲，与浙江省庆元县交界，是福建通往浙江的重要门户，因古时沿河两岸多乔松，人称"百里松荫碧长溪"，故而得名。松溪县在 1960 年与政和县合并为松政县，1962 年恢复设置，1970 年复与政和县合并为松政县，1974 年又析出置县。全县茶叶生产的沿革与政和相近，在计划经济时期，松溪所生产的白茶也像政和白茶一样，由中国土产畜产福建茶叶分公司对外销售。

松溪的生态环境好，曾经在 20 世纪 80 年代成为福建茶叶高产的"状元县"。九龙大白茶是松溪县在茶产业发展中自行选育并在 1998 年通过审定的省级优良茶树品种。九龙大白茶的母树的具体发现时间是 1965 年，它是由松溪茶叶技术人员发现的。该母树树龄至今已有 150 余年，栽培在双源村九龙岗，其叶片硕大、毫心肥壮、茸毛洁白，遂被命名为"九龙大白茶"，后来得到推广。九龙大白茶制作加工的茶品特点是芽肥毫多、香郁味甘、韵味悠长。

2019 年，海峡两岸茶业交流协会授予松溪县"中国九龙大白茶之乡"称号。2022 年，松溪九龙大白茶成功注册国家地理标志证明商标。

第七节　中国白茶的新兴产区

随着中国白茶的名气越来越大、市场认可度越来越高，云南、四川、贵州等地都先后开始发展白茶。我们来梳理一下。

一、云南茶区

毋庸置疑，云南是目前福建以外白茶产业发展最成熟和完善的地区。受地理位置和原料品种的影响，云南茶区有着鲜明的特点。

▲ 临沧茶园1

△ 临沧茶园里的茶树

△ 云南大叶种茶树的叶子

云南是茶树的原产地之一，茶区范围辽阔，云南大叶种是云南的特种茶种。一代又一代的繁殖，长时间的传播、种植和驯化，加上人工技术的选择和培育，使云南形成了极其丰富的茶树品种资源。举例来说，在国家认定的 95 个国家级茶树良种中，云南就占了 5 个，它们是勐海大叶、勐库大叶、凤庆大叶、云抗 10 号和云抗 14 号，其他的传统地方性茶树良种更是比比皆是，比如景谷大白、云抗 43 号、长叶白毫、邦东大叶、忙肺大叶、南糯山大叶等。

这是云南茶区发展白茶的基础。云南茶区独特的大叶种茶，无论是内含物质、活性酶，还是水浸出物，往往要比中小叶种茶多且丰富，这成为云南白茶在口感（甜度）、香气、韵味（醇厚度）和耐泡度等方面表现出色的前提，也为云南白茶的发展奠定了良好基础。

历史上，清代阮福在《普洱茶记》中写道："每年备贡者，五斤重团茶、三斤重团茶、一斤重团茶、四两重团茶、一两五钱重团茶；又瓶盛芽茶、蕊茶……于二月间，采蕊极细而白，谓之毛尖，以作贡，贡后方许民间贩卖。"有人推测这里的蕊茶就是古代的云南白茶。1939 年，知名茶人范和钧来到佛海（今云南勐海），于当年 9 月开始制茶，其中就包括了白茶。1943 年，佛海茶厂生产白茶 318 斤。到了 1944 年，云南中国贸易股份公司已产白茶 518 斤，每斤出厂成本为 908.24 元（当时的旧币）。

最早的云南白茶产于景谷县，是以景谷大白为

▲ 临沧茶园2

原料、按照白茶的工艺加工而成的。景谷大白茶（又称秧塔大白茶）是云南白茶的主要品种，主要种植在景谷县民乐镇的秧塔村。其制成干毛茶后，芽头肥硕、白毫密披、气味幽香、滋味醇和、回甘度好且耐泡。据传在清道光二十年（1840年）前后，一位名叫陈六九的人去澜沧江边做生意，发现了白茶树，便采下数十粒种子带回秧塔，种植在大园子地。现在大园子地里的大白茶树母树仍存活着。

  过去景谷大白茶主要采取烘青制法，通常以清明前后开采的一芽二叶或一芽三叶初展的鲜叶为原料，经杀青、揉捻和烘干而成，成品为烘青绿茶。这种制法加工而成的景谷大白茶，属于白茶家族中的绿茶。

月光白是近二十年间，采自景谷大白茶的原料加工而成的新品种，因其干茶外形白面黑底的特征，故得此名。月光白的制作工艺采用传统白茶工艺，保持了不揉不炒的特色，在鲜叶采摘后自然萎凋、自然阴干。月光白外形颜色特别，叶片正面黑，背面白，犹如月光照在茶芽上。它的汤色透亮，呈先黄后红再黄的变化，口感蜜香馥郁、醇厚温润、回甘清爽，给人以齿颊留香之感。

后来，湖南省茶叶公司在普洱市的南岛河建立了有机茶生产基地。采用白茶的制作工艺加工有机白茶，出口到国外。从那时起，云南白茶加工用的茶树鲜叶就不再局限于景谷大白茶了。这几年白茶兴起，也影响了云南其他地区，如西双版纳的勐海、临沧的永德等地也开始加工白茶，有的用大树茶的原料生产加工出来的白茶也别有风味。

云南白茶的产品具体有以下几种。

1. 白毫银针

选用景谷大白茶的单芽制成，芽头肥壮、较长，色泽银白，满披白毫。叶底灰绿泛红，肥厚、饱满且弹性好。冲泡后除了大叶种特有的甜香外，还带有花果香，茶汤滋味清甜、细腻柔和。

2. 月光白

选用景谷大白茶的芽叶制成，品质相当于白牡丹，干茶外形色泽黑白相间，叶面黑色，叶背白色，芽头肥壮，白毫浓密。叶底红褐带黄绿，柔软且富有弹性。冲泡后甜香浓郁，茶汤较醇厚，回甘鲜爽。

3. 大树白茶

选用临沧地区大树茶原料以白茶制作工艺制成，色泽灰绿显毫，蜜甜香浓郁持久。茶汤带有花香、毫香，汤色黄亮，茶汤入喉，甜润清凉，汤水细柔，苦涩味低，回甘生津效果好，饮后满口生津。大树白茶十泡过后，滋味犹存，十分耐泡。

云南白茶的产品有以下几个特点。

白毫银针

月光白

大树白茶

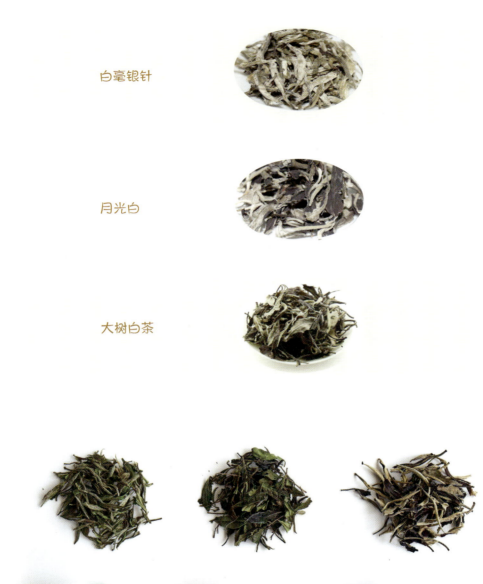

▲ 从左到右依次为福鼎、政和、云南的白茶茶样泡开后对比

第一章 详解老白茶

1. 外形

云南白茶的外形与其茶叶品种、茶园形态、采摘标准等都有直接关系。总的来说，云南大叶种白茶芽叶肥硕、壮实，而中、小中叶种白茶的芽叶相对较小；产于现代茶园的白茶外形较整齐一致，而产于古茶园的白茶，其生长发育少有人工干预，茶树在天然的环境中成长，每块茶地乃至每棵茶树的微生态并不相同，茶叶的形状因此多种多样。

2. 香气

云南白茶的香气类型多样，层次表现丰富。香气的成因与茶树品种和制茶工艺有关。从品种来说，使用云南大叶种群体种制成的云南白茶，香气特点为馥郁、幽雅、绵长；使用高香型茶树品种制成的云南白茶，香气特点为高扬、浓烈、短促；使用特殊中、小叶种茶树品种制成的云南白茶，又另有一种幽柔的香气。

从工艺来说，使用月光白工艺制成的云南白茶，蜜香较为突出；使用传统白茶工艺制成的云南白茶，有幽雅的花香气。

3. 口感

云南白茶在滋味口感上的表现与其生长环境、茶树品种、茶树树龄、茶园生态和制茶工艺密不可分。总体来说，品种好、生长环境优越、工艺到位的云南白茶，滋味鲜爽、甘甜，汤感细腻润滑、醇和绵柔，其生津、回甘和喉韵的表现都很理想。从滋味来说，品质越高的云南白茶，鲜爽度越好，反之则鲜爽度越低。从汤感来说，使用中、小叶种茶树的鲜叶为原料制成的白茶，与使用云南大叶种乔木茶树的鲜叶为原料制成的云南白茶相比，云南大叶种乔木茶树的鲜叶为原料制成的白茶的汤感更醇厚饱满、更润滑，层次更丰富，也更耐泡。

根据 2021 年统计数据，云南省的茶叶种植面积已达 740 万亩，年产量高达 49 万吨，均居全国前列。但是云南白茶的产量和市场份额都还比较小，还是一个尚在发展中的茶叶品类。为统一云南白茶的定义、范围、类型、制作工艺、感官审评术语、检测指标等，云南省茶叶流通协会在2021年发布了团体标准《云南大叶种白茶》（T/YNTCA 007—2021），在充分介绍云南大叶种白茶的特点、云南大叶种白茶的关键特征的同时，为云南茶界提供了云南白茶的制作技术指导。景谷大白茶的原产地景谷起草了景谷大白茶的地方标准《景谷大白茶》（T/JGCYXH—2022）。景谷大白茶的国家地理标志证明商标注册工作和国家农产品地理标志登记工作也在推进中。

二、贵州茶区

云贵高原是世界茶树的发源地之一，贵州是目前世界上唯一的茶籽化石的发现地。贵州省内的60多个县都有古茶树分布，而这些古茶树资源中蕴含着丰富的优良品种基因，对发展白茶有重要的意义。在此基础上，贵州省政府一边引进了不少外省的优良茶树品种，一边重视发展本地的优良茶树品种，如鸟王种、石阡苔茶以及贵州省茶科所培育的黔茶1号、黔茶3号等。

贵州生态环境好，高海拔茶园多，茶叶加工生产的时间长，是国内重要的绿茶生产大省之一。早在20世纪60年代，贵州省湄潭茶叶实验站就成功引进福鼎大白茶种，到20世纪70年代，黎平等地也从福鼎试引入福鼎大白茶的种子种植，经观察，该品种在贵州当地表现优良，具有生长旺盛、采摘时间较长、产量较高、适制性较好、产品质量好等特性，随后便被大规模引种，直到20世纪90年代一直是贵州主要繁殖推广的茶树良种。目前，福鼎大白茶是黎平种植规模最大的两大茶树品种之一。茶树良种的推广，进一步加快了贵州茶产业的发展。

在工艺方面，贵州白茶的一些产区起步不久，在关键工序尤其是在萎凋这一步，往往还是用传统的竹篾匾晾晒萎凋。但是贵州茶区的茶园面积大、连片范围广，当季的鲜叶要尽快及时处理，不能完全照搬福建核心产茶区过去的生产方式，而应有自己的技术突破点。对此，贵州大学茶学院和贵州经贸职业技术学院在白茶加工工艺上做了有益的探索，分别研制了白茶自动化生产线和不间断的、可控温度的吹风萎凋槽，对贵州的白茶生产起到了推动作用。

▲ 湄潭大庙场云贵山古茶树群

　　为全面提升贵州省茶产业发展水平、完善贵州白茶生产的技术质量标准体系、提升贵州白茶的公共品牌影响力，贵州省茶叶协会于2023年9月发布了团体标准《贵州白茶》（T/GZTA 005—2023）。而同样是在这一年，针对贵州白茶的发展现状与趋势、白茶加工工艺及关键技术等内容，贵州省各茶叶相关部门和企业也举办了创新专题研讨会，与会茶叶专家普遍认为贵州白茶在创制过程中，应充分考虑贵州茶区的地域环境，并在此基础上，采用一些关键创新技术，创制出"果香花韵、甜醇甘滑"的更具贵州本地特点的特色白茶新产品，拓宽中国白茶的风味和贵州白茶的市场份额。

 ▲ 贵州白茶评审样品　　 ▲ 贵州威宁高山白茶　　 ▲ 贵州湄潭白牡丹叶底

三、四川茶区

四川是历史悠久的老茶区。它与茶树原产地之一的云南相接，是野生茶树首先自然迁移到的地方，所以川人很早就开始利用茶叶。在茶树发现后的很长一段时间里，茶叶就像其他中草药那样，被生煮羹饮，而它的鲜叶处理就是生晒，这也是最原始的接近现在的白茶制法的处理方法。

四川茶区的茶叶种类和茶树资源丰富，自古就是名优绿茶、红茶的集中生产区域，而当地白茶的生产和发展，则是近些年来的事，大背景还是福建白茶的发展。

首先，制作白茶的茶树品种，一般以大白茶为主（尤以福鼎大毫、福安大白为主）。因为大白茶的茶芽洁白肥壮、茸毛多，制成的白茶鲜爽甘甜，白毫丰富，具有先天的原料优势，与本地群体种菜茶和水仙、梅占等小品种茶相比，更能突显白茶的品质特征。所以早在 20 世纪末，福鼎大白茶和福鼎大毫茶就以华茶 1 号、2 号的名义，被国家列入优良茶树品种的重点推广名单，大量推广到全国各地的茶园，其中尤以茶叶种植广泛的西南地区为多。

四川的地理和气候特点适宜茶树生长，而大白茶又是生长旺盛、抗逆性强、耐旱耐寒并且产量高的优秀茶树品种，所以它在四川茶区蓬勃发展，成为当地加工绿茶、红茶、黑茶的重要原料。白茶是后来才发展起来的。

其次从 2006 年以后，福建白茶发展势头迅猛，整个闽东和闽北主要茶产

▲ 石阡茶园

习水古茶树

区的白茶都变得供不应求,在市场的驱动下,其他历史上并不产制白茶的产茶区,也生产起了白茶。

四川的茶园众多,种植面积广,资源优势显著,鲜叶供应量极大,这使得它在原料成本上有很好的把控能力,四川白茶渐渐成为福建白茶之外的一种补充。不过以目前的情形来说,有相当比例的四川白茶,其工艺和口感还有较大的进步空间。

可喜的是,川茶的有识之士和有长远眼光的茶企品牌,正在着力改进。比如中国茶业中的一线品牌竹叶青,就推出了以峨眉高山茶为原料的年份白茶(白毫银针和紧压寿眉),这是四川茶区在真正形成自己的白茶品牌的道路上的一种突破和探索。

四川白茶的市场发展和前景,还有比较大的空间。

▲ 四川茶园1

四川茶园2

四、国内其他茶区

此外，如果以不炒不揉、萎凋干燥作为白茶的评判标准，那么可以说在20世纪的后半叶，台湾也生产过白茶。

台湾的白茶是在萎凋之后进行炒青，然后再进行初焙、回软、轻揉、复焙和补火，生产的白茶品种包括"寿眉、白毛猴、白牡丹、莲心、银针"。在20世纪60年代，台湾和福建为了争夺香港市场展开激烈竞争，最终是工艺更出色的福建白茶抢回了市场。现在，台湾白茶已几乎不生产了。

就目前情况而言，在白茶产量较大的贵州、四川这两大产茶省以外，新兴的白茶产区已逐步扩大至湖南、河南、广西、陕西等省的部分地区。

1. 湖南白茶

湖南桑植从 2013 年开始发展白茶。该县于 2017 年，在湖南省茶科所的引荐下，与湖南茶叶龙头企业之一的湘丰茶叶集团有限公司达成战略合作协议，成立湖南湘丰桑植白茶有限公司，以湘丰为龙头、政府和县内企业参股的合作模式开发桑植白茶。截至目前，桑植县政府已制定了统一的桑植白茶制作标准，推动工艺融合创新，并对茶农全面开展白茶的生产技术培训，在各乡镇产茶区举办培训班，从栽培到施肥再到采摘环节实施规范化和标准化管理。在 2019 年 12 月，桑植白茶成功注册国家地理标志证明商标。

桑植白茶的制作工艺与传统白茶有一定差异。该县在继承传统制作工艺的基础上，将六大茶类的工艺融合与创新，融入"晒青、晾青、摇青、提香、压制"工艺，创新优化"养叶、走水、增香"工艺，创造了独具特色的桑植白茶加工工艺，形成了桑植白茶"汤黄亮、味醇甜、蕴花香、回味长"的风味特点。追求"新工艺，老茶味"的桑植白茶，力争将来在"一年茶，三年药，七年宝"的老白茶市场中，也争得一席之地。

2. 河南白茶

在河南，传统名优绿茶信阳毛尖的原产地信阳，近年来推出了信阳白茶。当地茶人独辟蹊径，在中国的江北茶区发展白茶生产。他们研究了本地产茶区的气候、地理环境和品种资源，在信阳白茶的采摘标准、晒青的时效性、养青的精准性以及焙火的时间掌控等方面，不断地进行探索和研究，最终将书本上的知识和生产中的实践经验密切结合，独创了适合信阳白茶萎凋的技术，发挥了自身的特点，并使信阳白茶抢到了一定市场份额。

3. 广西白茶

广西的凌云县原本拥有广西特有的国家级优良茶树品种、国家地理标志产品——凌云白毫茶。优质凌云白毫茶外形条索紧结，白毫显露，形似银针；茶汤香气馥郁持久，滋味浓醇鲜爽，回味清甘绵长，有板栗香。凌云白毫是亚洲极少能加工出绿茶、红茶、白茶、黄茶、黑茶、青茶六大类茶品的茶树品种，素有"一茶千化"的美名。

在1949年以前，凌云白毫茶的制作过程仅为晒青，采摘的茶叶很细嫩，其制法实际上属于白茶。凌云白毫茶制作白茶的采摘标准为一芽二叶、一芽三叶，制作名茶的采摘标准为单芽或一芽一叶。成茶芽头外形肥壮，二、三叶舒展自然，白毫多，呈弧状，汤色橙黄，茶汤清澈明亮，毫香高长，叶底芽叶成朵、匀整、嫩绿明亮，叶质肥软。

不过，目前市面上的广西白茶采用凌云白毫制作的较少，而多见柳州三江、桂林等地生产的白茶。广西白茶的困难和挑战与四川白茶的情况较为相似，它们都需要突破瓶颈、找到方向，在极负盛名的福建白茶之外，树立自己的特色。

4. 陕西白茶

陕西是江北茶区的代表之一。从2012年开始，便有企业研制试产陕西白茶，试产的白茶产品有散白茶和紧压白茶两类。但在产业化方面，直到2016年，当地才陆续开始陕西白茶的研制和生产。目前，陕西白茶产品种类不断发展，有散白茶、紧压白茶，还有调味散白茶、调味紧压白茶、金花白茶等。

陕西白茶生产企业在加工工艺上大多数采用室内自然萎凋、日光萎凋与加温萎凋交替进行的复合萎凋工艺；紧压白茶的压制大多数采用自动化蒸压专用设备，加工环境设施基本满足清洁化生产的要求。

陕西白茶由于发展较晚，在白茶的整体工艺技术上还存在欠缺，因此，加快陕西白茶标准体系建设就显得非常重要。目前，陕西白茶的生产企业，多数都有自己的白茶企业标准，而已经制定的陕西地方白茶标准有《紫阳富硒茶生产白茶质量等级》（DB61/T 307.6—2021）、团体标准《紫阳白茶》（T/ZYCYXH003—2021），其他茶叶产区的白茶标准体系建设还在进行中。

总的来说，陕西白茶产业起步较晚、市场份额小和知名度较低，以及福建传统白茶的影响力大、市场占有率高、白茶市场竞争激烈等不利因素，对陕西白茶的定位和发展都带来了一定程度的压力和影响。陕西白茶只有全方位提升制作工艺和风味水平，才能真正赢得市场。

中 国 老 白 茶

第二章

品鉴老白茶

第一节 老白茶的品鉴和评级

白茶兼具品饮和收藏的价值，但是只有品质好的白茶才具备收藏的价值。如果要收藏一款老白茶，或者品鉴一款老白茶，需要对白茶的品质有一个全面和客观的认识，包括白茶的规格和分级。

一、白茶的规格和分级

团体标准《老白茶》（T/CSTEA 00021—2021）中规定了老白茶的规格和等级。老白茶按形态分，有散茶老白茶和紧压老白茶两类。散茶老白茶和紧压老白茶均包括白毫银针、白牡丹、贡眉、寿眉。我们对老白茶的品鉴以国家标准《白茶》（GB/T 22291—2017）为基础。

1. 白毫银针

白毫银针的采摘期在每年3月下旬到清明节，采摘期短，一般15天左右。白茶的国家标准规定，白毫银针用大白茶或水仙茶茶树品种的单芽为原料，经萎凋、干燥、拣剔等特定工艺过程制作，等级分为特级、一级。

《白茶》（GB/T 22291—2017）规定，白毫银针有特级、一级两个等级。采制银针以春茶的头轮品质最佳，其顶芽肥壮，毫心大，适制特级白毫银针。春茶到三四轮后多为侧芽，芽较小，只适合制一级白毫银针。虫病害芽、空心芽，及夏、秋茶芽，不适合制白毫银针。

制作白毫银针的原料可在茶树上直接"采针"，也可采回再"抽针"。用"采针"法采制时，掌心向下或向上，用拇指和食指轻捏茶芽根部微微用力摘下；用"抽针"法采制则是先采下一芽一、二叶，之后再行"抽针"，即以左手拇指和食指轻捏茶身，右手拇指和食指把叶扯向后拗断剥下，使芽与叶分开，芽用于制作白毫银针。白毫银针的感官品质如下。

白毫银针的感官品质

级别	外形				内质			
	条索	整碎	净度	色泽	香气	滋味	汤色	叶底
特级	芽针肥壮，茸毛厚	匀齐	洁净	银灰白、富有光泽	清纯、毫香显露	清鲜醇爽、毫味足	浅杏黄、清澈明亮	肥壮、软嫩、明亮
一级	芽针秀长、茸毛略薄	较匀齐	洁净	银灰白	清纯、毫香显	鲜醇爽、毫味显	杏黄、清澈明亮	嫩匀明亮

▲ 特级白毫银针

▲ 一级白毫银针

2010年，福鼎根据地理标志产品要求，制定了地方标准《地理标志产品 福鼎白茶》（DB35/T 1076—2010），该标准把白毫银针分为特级、一级，该标准对感官指标的要求比国家标准细致，这是因为国家标准要兼顾福鼎、政和等白茶产区的产品。2008年制定的《地理标志产品 政和白茶》（GB/T 22109—2008），并没有对白毫银针进行分级，只是做了统一的要求。这两年，政和白毫银针的采摘和制作工艺提升了很多，特别是政和大白所采用的芽头十分肥壮、重实。

福鼎白茶白毫银针的感官品质

品质		级别	
		特级	一级
外形	条索	肥壮、挺直	尚肥壮、挺直
	色泽	银白、匀亮	尚银白、匀亮
	匀整度	匀整	尚匀整
	净度	洁净	洁净
内质	香气	毫香、浓郁	毫香、持久
	滋味	甘醇、爽口	鲜醇、爽口
	汤色	杏黄、清澈、明亮	杏黄、清澈、明亮
	叶底	软、亮、匀、齐	软、亮

▲ 特级白毫银针

△ 一级白毫银针

2. 太姥银针

随着白茶产业的快速发展,现有的标准其实已经很难适应新的要求。2010年,宁德市制定了农业技术规范《太姥银针》(NDS/T 002—2010),该规范对太姥银针进行了明确的定义和要求,便于在实际生产过程中执行。

太姥银针是福鼎白茶中的一种,挑选满披白毫、毫香显的肥壮茶芽精制而成。太姥银针指清明前在宁德市行政辖区内,采海拔500米以上的福鼎大白茶、福鼎大毫茶以及适制白茶的良种茶树的肥壮茶芽,经萎凋、干燥等工艺加工,制成的具有特定品质特征的白茶。

△ 太姥银针

太姥银针的两项技术要求:

(1)单芽长度为2.7厘米以上。

(2)每百克单芽数不多于3200枚。

太姥银针的感官品质

外形				内质			
叶态	嫩度	净度	色泽	香气	滋味	汤色	叶底
芽针肥壮、匀齐	肥嫩、毫显	洁净	银灰白、富有光泽	清纯、微甘、毫香显	清鲜醇爽、微甘、毫味显	浅杏黄、清澈明亮	肥壮、幼嫩、明亮

3. 头采银针

这几年，白茶采摘和制作更加精心和细致，茶农采制早春刚萌发出来的茶芽制成头采银针，这种银针往往带有鱼叶。严格意义上讲，这种带有叶片的不能叫白毫银针，但是头采银针采摘的时间和嫩度都超过了白毫银针，市面上也已经达成共识。因为它个头小一点，

鳞片、鱼叶、真叶区分

鳞片，亦称"芽鳞"，是最早长出的、呈覆瓦状、茶芽最外面的鳞状变态叶，无叶柄，质地较坚硬，呈黄绿或棕褐色，表面常有茸毛和腊质，主要作用是保护内部芽体和减少蒸腾失水及其他物理损伤等。当年生营养芽一般有1～3个鳞片，越冬芽有3～5个鳞片，随着芽的膨大展开，鳞片很快脱落。

鱼叶，亦称"胎叶"，是茶树新梢上抽出的第一片小叶子，形如鱼鳞，是发育不完全的叶片，其色较淡，叶柄宽而扁平，叶缘一般无锯齿，或前端略有锯齿，侧脉不明显，叶形多呈倒卵形，叶尖圆钝或内凹，叶质厚而硬脆。一般每梢基部有1片鱼叶，也有多至2～3片的，夏、秋梢常常出现无鱼叶的情况。

真叶，继鱼叶以后长出的叶子，寿命一般长达一年半，通常所说的茶树叶片是指真叶。鳞片、鱼叶的纤维较粗老，加工过程难以形成条索，最终变成黄片，清除起来很麻烦，且制茶滋味淡薄，影响口感。

▲ 茶树新梢

▲ 头采银针

人们也把它叫米针。米针采用直接从树上采摘的新萌发出来的肥壮芽头，这种芽头比较重实，芽头里紧紧包裹着四到六层叶子，层数越多，制成的银针品质越好，也更耐泡。市面上还有一种荒野银针，它采用抛荒、生态好的茶树的芽头制成，这种银针数量少，不是主流产品。

4. 白牡丹

毫心肥大、芽叶连枝，两叶抱芯，形似花朵，这是白牡丹干茶的典型特征。

国家标准《白茶》（GB/T 22291—2017）规定，白牡丹是以大白茶或水仙茶茶树的一芽一、二叶为原料制成的。分为特级、一级、二级、三级四个级别。白牡丹要求在谷雨前采摘。

（1）特级白牡丹

采大白茶早春的一芽一叶和一芽二叶初展制特级白牡丹，芽大于叶，芽头肥壮，若拔去叶片，肥壮的芽头可制作白毫银针；它的标准长相，是中间一颗秀长饱满的芽头，边上一片或者两片护着芽头而尚未开放的叶片。叶片紧紧贴合芽头，有蓓蕾初绽、含苞待放之意。

（2）一级白牡丹

采大白茶早春的一芽二叶初展和一芽二叶原料制一级白牡丹，要求芽头较肥壮，白毫显，叶态自然舒展，色泽银白，绿叶夹心。

一级白牡丹的两叶舒展，芽头秀长饱满、挺直。

（3）二级白牡丹

采大白茶一芽二叶，芽叶细长，白毫较显，叶片自然展开，形似牡丹花开。

二级白牡丹，梗短，芽头修长。叶片相对更宽、更大，呈椭圆形。

（4）三级白牡丹

采大白茶一芽二、三叶，芽与二叶的长度基本相等。

三级白牡丹为白牡丹中的最低级别。它的芽头小而细，像根细细的缝衣针，叶片更为宽大，已经接近寿眉。

白牡丹的感官品质

级别	外形				内质			
	条索	整碎	净度	色泽	香气	滋味	汤色	叶底
特级	毫心多肥壮、叶背多茸毛	匀整	洁净	灰绿润	鲜嫩、纯爽毫香显	清甜醇爽、毫味足	黄、清澈	芽心多、叶张肥嫩明亮
一级	毫心较显、尚壮、叶张嫩	尚匀整	较洁净	灰绿尚润	尚鲜嫩、纯爽有毫香	较清甜、醇爽	尚黄、清澈	芽心较多、叶张嫩、尚明
二级	毫心尚显、叶张尚嫩	尚匀	含少量黄绿片	尚灰绿	浓纯、略带有毫香	尚清甜、醇厚	橙黄	有芽心、叶张尚嫩、稍有红张
三级	叶缘略卷、有平展叶、破张叶	欠匀	稍夹黄片蜡片	灰绿稍暗	尚浓纯	尚厚	尚橙黄	叶张尚软有破张、红张稍多

▲ 特级白牡丹茶样

▲ 一级白牡丹茶样

▲ 二级白牡丹茶样

《地理标志产品 福鼎白茶》（DB35/T 1076—2010)、《地理标志产品 政和白茶》（GB/T 22109—2008）均把白牡丹分为特级、一级、二级，没有设三级，而国家标准中，白牡丹三级的感官品质要求与寿眉一级非常接近，可见，白牡丹分为特级、一级、二级似乎更为科学。地方标准中白牡丹的感观品质如下：

地方标准中白牡丹的感观品质

品质		级别		
		特级	一级	二级
外形	条索	毫芽显肥壮，叶张幼嫩，叶缘垂卷，芽叶连枝	毫芽显，叶张尚嫩，叶缘略卷，芽叶连枝	毫芽尚显，叶张欠嫩，芽叶稍有破张
	匀整度	匀整	尚匀整	尚匀整
	色泽	灰绿或铁青	灰绿或铁青	暗绿
	净度	洁净	尚洁净	欠洁净
内质	香气	鲜爽，毫香显	纯爽，有毫香	纯正，略有毫香
	汤色	杏黄，清澈、明亮	深杏黄，清澈、明亮	深黄，尚清澈
	滋味	甘醇爽口	尚甘醇爽口	清醇
	叶底	肥嫩，匀亮	尚肥嫩，尚匀亮	欠匀亮

▲ 特级白牡丹（地理标志产品福鼎白茶，下同）茶样

⌃ 一级白牡丹茶样

⌃ 二级白牡丹茶样

5. 牡丹王

市面上有一种高等级白牡丹叫牡丹王,这个级别的白牡丹基本与白毫银针同期采摘,采一芽一叶,要求芽头肥壮,做出来的白茶与国家标准中的特级白牡丹的感官品质接近,但是其外形品质要高于国家标准,芽头更肥壮,芽占的比重更大。

⌃ 牡丹王

▲ 锦屏古茶园中的茶树

牡丹王的感观品质如下。

外形：芽头肥壮，饱满，极近银针，白毫密实。叶片细窄，叶片量少，品级较高。

汤色：杏黄、清澈、明亮。

香气：鲜嫩、高扬、持久、毫香显。

滋味：鲜爽、毫味足、回甘快。

6. 贡眉

以群体种茶树品种（菜茶）的嫩梢为原料制成的白茶统称为贡眉。贡眉主要产地为政和、建阳。

历史上最早的白毫银针就是采菜茶比较肥壮的芽头制成的。后来，人们培育出了大白品种，菜茶因为芽头偏小就很少单独采摘做成银针了。白茶国家标准把贡眉分为特级、一级、二级、三级四个级别。

特级贡眉主要是采一芽一叶和一芽二叶做成。其他几个级别也是根据采摘时间和嫩度来区别的。贡眉的具体感官品质如下。

贡眉的感官品质

级别	外形				内质			
	条索	整碎	净度	色泽	香气	滋味	汤色	叶底
特级	叶态卷、有毫心	匀整	洁净	灰绿或墨绿	鲜嫩,有毫香	清甜醇爽	橙黄	有芽尖、叶张嫩亮
一级	叶态尚卷、毫尖尚显	较匀	较洁净	尚灰绿	鲜纯,有嫩香	醇厚尚爽	尚橙黄	稍有芽尖、叶张软尚亮
二级	叶态略卷稍展、有破张	尚匀	夹黄片、铁板片、少量蜡片	灰绿稍暗、夹红	浓纯	浓厚	深黄	叶张较粗、稍摊、有红张
三级	叶张平展、破张多	欠匀	含鱼叶蜡片较多	灰黄夹红稍萎	浓、稍粗	厚、稍粗	深黄微红	叶张粗杂、红张多

▲ 特级贡眉茶样

▲ 一级贡眉茶样

7. 建阳小白茶

张天福先生在《福建白茶的调查研究》中提出："先有小白，后有大白，再有水仙白。"这里说的小白，指的就是贡眉，它是用菜茶树种制作的白茶。1772年在建阳地区正式生产，并出口东南亚地区，当地人至今仍喜欢叫它小白茶。建阳漳墩是"中国小白茶之乡"，也是建阳小白茶的发源地。

菜茶大多采用种子播种，因为群体种菜茶大多通过异花授粉，后代能遗传父本和母本的特性，会产生变异类型，所以采自群体种菜茶制成的小白茶的香气特征为多种香气共存，即"复合香型"。

建阳小白茶的外形较大白茶稍瘦小，茶芽形似眉毛，毫显且多，汤色杏黄，叶底匀整、柔软、鲜亮，味醇爽，有嫩毫香，耐泡。

小白银针的感官品质

外形				内质			
形状	整碎	净度	色泽	香气	滋味	汤色	叶底
芽针纤细	匀整	洁净	灰绿	嫩毫香	清醇甘爽	浅杏黄	嫩亮

小白贡眉的感官品质

级别	外形				内质			
	形状	整碎	净度	色泽	香气	滋味	汤色	叶底
特级	毫心多、叶缘卷、芽叶连枝	匀整	洁净	灰绿或墨绿	鲜嫩有毫香、有花香	鲜醇甘爽	浅杏黄明亮	有芽尖、叶张嫩亮
一级	毫心较显，叶缘较卷、芽叶连枝	较匀整	较洁净	尚灰绿	鲜纯有嫩香	清醇尚爽	浅黄明亮	稍有芽尖、叶张软尚亮
二级	稍有毫心，叶缘略卷稍展、有破张	尚匀整	尚洁净	灰绿稍暗、夹红	浓纯	较醇厚	黄较亮	叶张较粗、稍摊、有红张
三级	叶张平展、破张多	欠匀整	夹黄片	稍花杂	浓、较粗	尚醇、稍粗	深黄微红	叶张粗杂、红张多

小白寿眉的感官品质

外形				内质			
形状	整碎	净度	色泽	香气	滋味	汤色	叶底
叶片开张、有破张，稍带嫩梗	欠匀	夹黄片、铁板片、少量腊片	花杂	纯正、稍粗	浓、稍粗	深黄微红	叶张较粗、摊张、红杂

8. 政和小白茶

政和是小白茶的另外一个重要产区，以锦屏、澄源高山区为代表。这些古茶园散落在海拔800～1300米的峡谷森林之间，主要品种为闽北小菜茶。历代茶农在石缝中、岩石边种植茶树，百年老茶树星罗棋布，这些真正的高龄古茶树野韵十足。清明谷雨之间，当地茶农翻山越岭，采摘一芽一叶、一芽二叶制作荒野白茶，其滋味甜醇清凉，类似冰糖甜，识别度高。古树白茶内质丰富，经陈化后，青气消散，香气更加馥郁，滋味更加鲜爽、甘甜、持久。

9. 寿眉

白茶的国家标准规定，寿眉是以大白茶、水仙或群体种的嫩梢或叶片为原料制成的白茶产品。由于原料比较粗老，对产地要求并不严格，福鼎和政

▲ 政和小白茶

和的地理标志产品标准都没有对寿眉制定相应的标准,但市面上寿眉的销量最大,而且市面上 20 年以上的老白茶也以寿眉居多。白茶的国家标准对寿眉的感官品质规定如下。

寿眉的感官品质

级别	外形				内质			
	条索	整碎	净度	色泽	香气	滋味	汤色	叶底
一级	叶态尚紧卷	较匀	较洁净	尚灰绿	纯	醇厚尚爽	尚橙黄	稍有芽尖,叶张软尚亮
二级	叶态略卷稍展、有破张	尚匀	夹黄片、铁板片、少量腊片	灰绿稍暗,夹红	浓纯	浓厚	深黄	叶张较粗、稍摊、有红张

◀ 一级寿眉茶样

▶ 二级寿眉茶样

二、老白茶品质特征

1. 分类

2021年5月发布的团体标准《老白茶》（T/CSTEA 00021—2021）对老白茶的定义：在阴凉、干燥、通风、无异味且相对密封避光的贮存环境条件下，经缓慢氧化，自然陈化五年及以上、明显区别于当年新制白茶、具有"陈香"或"陈韵"品质特征的白茶。该标准规定，存放五年及以上才能叫老白茶。

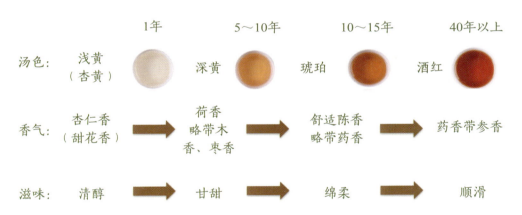

▲ 白茶存放变化过程

老白茶的团体标准将老白茶分为陈蜜型、陈醇型和陈药型，每一类分为一级、二级、三级。这种分法基本上是按照老白茶在一定存放年份里出现的汤色、香气、滋味来区分的。

（1）陈蜜型老白茶

香气呈现花蜜香、果蜜香、奶蜜香、梅子香等，滋味以甜醇蜜韵为主要品质风格的老白茶。

（2）陈醇型老白茶

香气呈现荷香、糯香、枣香、稻谷香等，滋味以陈醇温润为主要品质风格的老白茶。

（3）陈药型老白茶

香气呈现药香、参香、木香等，滋味以醇厚顺滑为主要品质风格的老白茶。

老白茶感官品质

类别	品质等级	色泽	汤色	香气	滋味	叶底
陈蜜型老白茶	一级	褐绿至黄褐	蜜黄至橙黄，明亮	陈纯浓郁（带花、果、蜜、奶等香）	醇和甜润，陈韵显	软亮
	二级		蜜黄至橙黄，较明亮	陈香较浓（带花、果、蜜、奶等香）	较甘醇，陈韵较显	较软亮
	三级		蜜黄至橙黄，尚亮	陈香尚纯（带花、果、蜜、奶等香）	醇和有陈韵	尚软亮
陈醇型老白茶	一级	黄褐至红褐	橙黄至橙红，透亮	陈纯浓郁（带荷、糯、枣、谷等香）	浓醇甘润，陈韵显	软亮
	二级		橙黄至橙红，较明亮	陈纯较浓（带荷、糯、枣、谷等香）	较浓醇，陈韵显	较软亮
	三级		橙黄至橙红，尚亮	尚陈纯（带荷、糯、枣、谷等香）	醇和、陈韵较显	尚软亮
陈药型老白茶	一级	红褐至乌褐	橙红至深红，通透亮丽	陈纯浓郁（带药、参、木等香）	醇厚润活，陈韵显露	软亮
	二级		橙红至深红，较通透有光泽	陈纯较浓（带药、参、木等香）	醇厚较润，陈韵显	较软亮
	三级		橙红至深红，尚亮	陈尚纯，较浓郁（带药、参、木等香）	醇厚尚润，陈韵显	尚软亮

2. 标准

贮存好的白茶要符合以下几个标准。

（1）产地要正

在福建最具代表的三个核心产茶区是福鼎、政和和建阳。这两年与政和毗邻的松溪、福安，与福鼎接壤的柘荣也在大力发展白茶。目前适合制作白茶的福鼎大毫、福鼎大白、福安大白、政和大白、水仙等都是在这些核心产茶区培育引种的。任何茶树品种，都有适宜其栽培、生长的环境，它们的基因也决定了在当地栽培更适合制作白茶。在同一个产茶区，海拔、生态、土壤、茶园管

▲ 福建主要白茶产区的照片

理等都会对茶叶品质产生影响。白茶的优质原料主要来自政和、福鼎、建阳的高山地区，这些产茶区不仅海拔高，而且生态环境十分优越，为白茶的品质奠定了良好的基础。

（2）萎凋要透

萎凋是影响白茶香气的重要因素之一，白茶的外形、滋味都会在萎凋环节稳定下来。如果萎凋过程中遇到相对湿度小的天气，鲜叶干燥过快，萎凋时间不足就容易产生青气；如果遇到雨天，相对湿度大，鲜叶不容易干，有微微发酵，就容易产生酵气。除了人们熟知的日光萎凋外，复式萎凋（传统日光萎凋与室内自然萎凋相结合）不仅可以规避天气带来的不良影响，也可提高白茶产量。

（3）水分要少

国家标准《白茶》（GB/T 22291—2017）规定，白茶的含水率不得大于8.5%。如果想要长期保存白茶，则要选含水率在5%～7%的白茶。茶叶自

▲ 萎凋透的叶底

▲ 萎凋不足的叶底

身含水率在 3% ～ 5% 时，可以有效防止茶叶氧化劣变；而白茶的含水率大于 12% 时，则会发生霉变，产生陈味，严重影响茶叶的品质。

（4）存放要干

白茶必须存放在干燥环境中。优质的白茶在其发酵及自然陈化的过程中总是被小心地放在干燥通风的环境中。潮湿的环境会让茶叶加速发酵，从而缩短了其发酵时间，虽然茶叶口味会更为浓郁，但通常会有霉变发生，茶面上见霉菌或闻起来有霉变气味的白茶不适合收藏。茶叶贮藏时空气相对湿度以小于 60% 为好，若空气相对湿度过大，干茶会从空气中吸收水分，从而造成茶叶品质劣变。

第二节　紧压白茶的发展和品鉴

　　白茶压饼，是一个到当代才正式出现的工艺步骤。白茶的主产区福建，在历史上是北苑贡茶的原产地，从北宋开始，它所制造的"龙团凤饼"就已经享誉天下。而"龙团凤饼"只是一个统称，它其实包括了各种名字优美的贡茶——它们大多被制成饼状，在北苑的官焙用特制的龙凤模制造，用的纹饰也是标志性的龙和凤。但历史上的这种茶饼，与我们当代生活中各种类型的茶饼极其不同，因为古人对茶叶的制作和品饮标准与现代人大相径庭，所以本书论述的紧压白茶，其实是产茶区的技术能手们，在继承传统工艺的背景下，发展出的创新产品。

　　现代白茶是怎么压饼的，简单来说有以下几个步骤。

　　精制：将要压制的原料进行拣剔，除去杂质和碎末。

　　称重：称的重量依茶饼的不同规格而定。

　　蒸软：用蒸汽机让白茶吸水、软化，从而恢复弹性和韧性，蒸软后的茶叶放入布袋里，用双手将布袋进行旋转、团揉，在受力作用下，白茶叶片逐渐成团。

△ 白茶在压制前进行蒸软

　　压制：将蒸好的茶叶放入压饼机的饼模里进行压制。

　　烘干：将压制好的茶饼在特制烘房进行烘干。

　　事实上，2000年以前，白茶基本都以散茶的形式存在。据福建省茶叶进出口公司编撰的《白茶经营史录》记载："白茶自问世以来，在20世纪50年代前生产过水仙白茶饼，但市场上仍大多以散茶形式流通。"从新中国成立到改革开放的这几十年间，国内产的白茶是供应出口的大宗散茶产品。白茶饼这种形态，是在2000年左右受普洱茶行业火热的影响开始出现的，然后逐年增加，到2006年以后才大行其道，但它现在已占据了白茶市场的半壁江山，成为市场上白茶商品的主流形态。

　　从紧压白茶出现至今，经过二十来年的发展，国内已经有了相当规模的老白茶饼市场，而且，随着白茶"一年茶，三年药，七年宝"的说法流传开来，民间存的老白茶饼的数量还在不断增加。

　　对白茶压饼，过去有人持不同观点，认为这会影响白茶的品质和风味。因为白茶散茶能较好保持白茶的自然状态，而在压饼过程中，要先用蒸汽机将茶叶蒸软，再放进模具里压制成饼，整个蒸压的过程，势必对茶叶的形状和内含

⌃ 福建省天湖茶业有限公司生产的茶饼

⌃ 白茶饼

第二章 品鉴老白茶 103

△ 巧克力小方砖

△ 小饼干茶　　　　　　　　　　　　　　△ 小龙珠

物造成影响。但这种影响对于大多数消费者来说并不明显，而压饼加速了白茶的陈化，使其滋味变得更加甜醇，反而有许多白茶爱好者喜欢。饼茶是紧压白茶的代表品种，其他还有砖茶、巧克力茶、月饼茶等。2015年国家颁布的标准《紧压白茶》（GB/T 31751—2015），为紧压白茶的发展奠定了基础。

白茶压成饼，相对于散茶来说，有两方面的优势，一是可以减轻库存的压力——国内大城市仓库的租金成本很高，对白茶进行压饼处理能够显著节省贮存空间，与散茶相比节省50%～75%。一百斤的寿眉要是压成饼只有一百多片，两箱即可装满，要是散茶装成箱，有六大箱之多，非常占空间，不划算。二是有利于白茶在贮存若干年后鉴别真伪，包括年份、品质、品牌等，散茶就无法做到这一点，这在人人都追崇老白茶的今天来说，是很有意义的。

但是不是所有的白茶都适合压成饼呢？不见得。

白茶压饼的一般过程是成品白茶经蒸汽机处理，压制成饼，再干燥。蒸汽机处理是影响色泽的重要工序，可以降低氨基酸含量，散发青气；湿闷处理可以促进蛋白质水解，积累氨基酸，大幅度提高茶红素含量；压饼的力作用则会让茶汤浓度增加，滋味转鲜爽。浙江大学茶学系张丹在对政和白毫银针、白牡丹、贡眉、寿眉进行湿热压饼操作后，发现四款茶的香气明显降低，出现水闷味。对比发现：原料相对成熟的贡眉、寿眉的滋味、汤色显著提高；原料较嫩的白毫银针、白牡丹的滋味、汤色并未改善。

经过湿热压制处理后，寿眉的水浸出物、茶多酚、可溶性蛋白质、黄酮类和没食子酸含量均显著增加，而可溶性糖、茶多糖和氨基酸含量显著降低。经过湿热压制处理后，白茶茶汤内含物质更丰富，且抗氧化功能成分含量显著增加，有利于贡眉和寿眉的品质提升。

对于白毫银针、白牡丹这些品质高、外形美观的白茶不建议拿去压制，白毫银针和高等级的白牡丹，优美的外形是其重要的品质特征之一，压饼会导致白毫部分脱落，品饮时容易出现撬碎芽叶等问题，也会影响茶叶的香气和滋味。所以，白毫银针和高等级的白牡丹较少压制成茶饼。适合压制白茶饼的是贡眉、寿眉，或是等级低一点的白牡丹。在压制过程中，有的厂家为了提高品质，会把原料先存放两三年，待茶性相对稳定再压制，这样压制出的白茶滋味更醇和。另外，低等级的寿眉存放后更容易压制。

白茶饼是不是压得越紧越好呢？不论白茶的哪一个等级、品类（紧压白毫银针、紧压白牡丹、紧压贡眉、紧压寿眉），国家标准《紧压白茶》（GB/T 31751—2015）对它们的外形要求都是一致的——端正匀称，松紧适度，也就是说白茶不论被压成茶饼，还是茶砖，松紧程度都要恰到好处。压得太松或者太紧，对紧压白茶而言都不是好事：如果压得太松，最终压制出来的茶饼难以实现塑形，容易造成产品散碎，还影响产品后期的风味和口感；如果压得太紧，也不利于后期转化——压制时，用力过度、时间过长、温度过高，会造成营养和风味的流失，有的产品甚至会出现"焦心"（因为茶饼压得太实，没有及时烘干饼心，以至于出现"碳化"的现象），这样的茶可以饮用，但是茶饼内外的口感差异比较大，不好喝，更谈不上保值和增值。

白茶饼虽然品饮时略有不便，但有利于贮存，而且也会形成独特的品质风格，越来越得到消费者的认可，像普洱茶饼一样逐步普及开来。现在，紧压白茶寿眉的市场占有率已经超过散白茶，成为绝对的大头和主流，甚至成为消费者认知白茶的第一印象。

2016年2月1日，国家标准《紧压白茶》（GB/T 31751—2015）正式实施。

紧压白茶感官品质要求

产品	外形	内质			
		香气	滋味	汤色	叶底
紧压白毫银针	外形端正匀称、松紧适度，表面平整、无脱层、不洒面；色泽灰白，显毫	清纯、毫香显	浓醇、毫味显	杏黄明亮	肥厚软嫩
紧压白牡丹	外形端正匀称、松紧适度，表面较平整、无脱层、不洒面；色泽灰绿或灰黄，带毫	浓纯、有毫香	醇厚、有毫味	橙黄明亮	软嫩
紧压贡眉	外形端正匀称、松紧适度，表面较平整；色泽灰黄夹红	浓纯	浓厚	深黄或微红	软尚嫩、带红张
紧压寿眉	外形端正匀称、松紧适度，表面较平整；色泽灰褐	浓、稍粗	厚、稍粗	深黄或泛红	略粗、有破张、带泛红叶

◆ 白毫银针茶饼

◆ 白牡丹茶饼

◆ 寿眉茶饼

▲ 贡眉茶饼

经过二十来年的不断发展,现在国内的紧压白茶生产,已经形成一个成熟的体系。而且,稳定的生产和历年的积累,还催生出了一个陈年紧压白茶(老白茶饼)市场,供人玩味和收藏韵味丰富、风格多元的老白茶饼。最后,放上生产时间为2012年和2019年的两款老白茶饼,让读者一起感受陈年老白茶的魅力。

2012年寿眉饼

色泽:外形褐红色,带芽毫

等级:一级寿眉压制

香气:枣香,甜香,有药香

汤色:橙黄明亮

滋味:冰糖甜,醇滑

叶底:褐红软亮

2019年寿眉饼

色泽：墨绿色，带芽毫

等级：一级寿眉压制

香气：花香、甜香，木质香

汤色：橙红明亮

滋味：蔗糖甜，醇厚

叶底：黄绿，软亮

第三节 中国老白茶茶样详解

为了更好地了解白茶贮存过程中的变化，我们以5年为间隔，收集了等级相对一致，贮存环境基本相同的白毫银针、白牡丹、贡眉和寿眉，供读者赏鉴。

一、白毫银针

△ 白毫银针

白毫银针（五年）

品种：福鼎大毫

产地：福鼎磻溪

外形：芽针重实、茸毛厚，银白略泛灰

内质：毫香蜜韵显，汤色杏黄亮，滋味醇和，较甘醇，叶底软亮

白毫银针（十年）

品种：福鼎大毫

产地：福鼎磻溪

外形：芽针重实、茸毛厚；银白略泛红

内质：毫香蜜韵显，汤色杏黄略红亮，滋味醇和甘润陈韵显，叶底软亮

白毫银针（十五年）

品种：福鼎大毫

产地：福鼎磻溪

外形：芽针重实、茸毛厚，银褐红

内质：陈香浓郁，汤色杏红亮，滋味醇和陈韵足，叶底软亮

白毫银针（二十年）

品种：福鼎大毫

产地：福鼎太姥山

外形：芽针重实、茸毛厚，银褐红

内质：陈韵足，蜜韵显；汤色杏红亮；滋味醇和甘润陈韵足；叶底软亮

二、白牡丹

白牡丹（五年）

品种：福鼎大毫
产地：福鼎磻溪
外形：毫心肥壮，茸毛厚，灰绿
内质：陈香带蜜韵，汤色橙黄亮，滋味醇和有毫味，叶底黄绿重实

白牡丹（十年）

品种：福鼎大毫
产地：福鼎太姥山
外形：芽叶连枝，毫心重实，黄褐
内质：陈香较浓、带果香，汤色橙黄泛红亮，滋味陈厚陈韵显，叶底黄褐尚亮

白牡丹（十五年）

品　种：福鼎大毫

产　地：福鼎太姥山

外　形：毫心肥壮重实、茸毛厚，褐红

内　质：陈香显、毫韵显，汤色橙黄亮，滋味陈韵有蜜韵，叶底黄褐明亮

白牡丹（二十年）

品　种：福鼎大毫

产　地：福鼎太姥山

外　形：毫心肥壮重实、茸毛厚，红褐

内　质：陈香浓韵果香显，汤色深橙黄亮，滋味浓醇蜜韵足，叶底芽芯重实，黄褐明亮

三、寿眉

寿眉（五年）

品种：福鼎大毫
产地：福鼎太姥山
外形：叶态略卷、稍展有破张，黄、铁锈色
内质：尚陈醇带荷香，汤色橙黄明亮，滋味甘醇、润活，叶底软亮

寿眉（十年）

品种：福鼎大毫
产地：福鼎太姥山
外形：叶态略卷、稍展有破张，褐黄
内质：尚陈醇较浓、稍果香，汤色橙黄泛红亮，滋味醇厚陈韵显，叶底软亮

寿眉（十五年）

品种：福鼎大毫

产地：福鼎太姥山

外形：叶态略卷、稍展有破张，褐红

内质：陈醇较浓，药香，汤色橙红、尚亮，滋味醇厚陈韵显、有药香，叶底褐红、亮

寿眉（二十年）

品种：福鼎大毫

产地：福鼎太姥山

外形：叶态略卷、稍展有破张，褐黄略红

内质：陈醇木香，汤色橙红、尚亮，滋味醇厚陈韵显、有果酸味，叶底褐黄、亮

四、贡眉

贡眉（五年）

品种：菜茶
产地：福建政和
外形：灰绿稍夹红
内质：尚醇，有陈味，清甜香

贡眉（十年）

品种：菜茶
产地：福建政和
外形：黄褐带乌
内质：滋味浓，较醇，有苦涩感，较清甜，稍有参香

贡眉（二十年）

品种：菜茶

产地：福建政和

外形：有芽头，乌褐稍灰

内质：醇和较浓，有老茶味，有老茶香、陈香

第四节　普通渠道中流通的老白茶

现在市面上所说的老白茶，大致可分为普通渠道中流通的，以及国有大厂（中茶福建省公司）和有市场代表意义的私企品牌留存的产品。对于普通渠道中的老白茶，人们主要关注的不是生产商的信息，而是茶叶本身的内质和储存条件。所以，白茶爱好者和收藏者，如果想鉴定和入手这一类老白茶，最好就是从茶叶本身的条件来判断和把握，以避免风险。为了帮大家擦亮眼睛、具备一定的鉴定能力，我们将这一类别的老白茶，按其原料、等级、所属年代和稀缺程度，进行了整理。

▲ 百年银针干茶（1915年获巴拿马万国博览会金奖的"马玉记"白毫银针干茶）

一、白毫银针

20世纪80年代的白毫银针

1915年获巴拿马万国博览会金奖的"马玉记"白毫银针

1997年的白毫银针

2014年的白毫银针

二、白牡丹

2006年牡丹王

外形：毫心肥壮，白毫显

香气：老茶香浓郁

汤色：橙黄泛红

叶底：肥嫩，黄泛红

滋味：醇厚，老茶味浓，口感滑

2008年牡丹王

外形：毫心肥壮，白毫显，黄褐色带乌

香气：陈香浓郁，老茶香较浓醇

汤色：橙黄

叶底：肥嫩，绿黄带乌

滋味：甜滑

2009年牡丹王

外形：毫心肥壮，白毫显，黄褐带乌

香气：有老茶香，甜果香

汤色：深橙黄

叶底：较肥嫩，黄绿带褐

滋味：甜醇，口感滑，老茶味稍弱

2012年牡丹王

外形：毫心肥壮，白毫显，绿黄泛棕色

香气：毫香显，有老茶香

汤色：杏黄稍深

叶底：肥嫩，绿黄带乌

滋味：甘醇，味甜，有老茶气

2014年牡丹王

外形：毫心肥壮，白毫显，黄褐带乌
香气：略有陈香
汤色：黄亮
叶底：绿黄带褐，有短茎
滋味：较甘醇滑口

2018年牡丹王

外形：毫心肥壮，白毫显，银灰绿
香气：甜花香，毫香显
汤色：黄亮
叶底：较肥嫩，绿黄亮
滋味：浓醇

三、贡眉

2010年小菜茶

外形：黄，泛棕红
香气：纯正，有甜香
汤色：橙黄
叶底：绿黄泛红
滋味：较浓醇，有陈味

2017年小野白

外形：绿黄夹红
香气：较清甜
汤色：浅橙黄明亮
叶底：较软，绿黄有红茎叶
滋味：浓，较醇，有陈味

1995年小菜茶

外形：乌褐

香气：香气浓，有药香

汤色：深橙黄

叶底：较软，黄褐稍乌

滋味：有参味，老茶味

四、寿眉

20世纪90年代寿眉

外形：叶张平展，灰褐

香气：药香，老茶香浓郁，参香

汤色：深橙黄，偏暗

叶底：乌褐，稍硬

滋味：浓醇，有药味

1999年寿眉

外形：叶张平展，有嫩茎，稍有芽，黄褐

香气：陈香平正，有甜香

汤色：深橙黄，泛红

叶底：乌中带褐，稍硬

滋味：浓醇，有老茶味

2003年寿眉

外形：叶张平展，有嫩茎，灰黄带褐

香气：平正，陈香显

汤色：橙黄

叶底：颜色棕褐，稍硬

滋味：略有果酸味

20世纪50年代寿眉

外形：叶张略卷，稍展有破张，乌褐

香气：荷香，药香

汤色：琥珀色，红浓明亮

叶底：叶片较厚，乌黑油亮

滋味：细腻顺滑，甜柔舒适

20世纪60年代贡眉

外形：叶张较小，略卷，带有小茶籽，呈乌褐色

香气：荷香，药香浓郁

汤色：红浓明亮

叶底：叶片小，乌黑油亮

滋味：甜醇较浓，顺滑，陈韵显

20世纪80年代寿眉

外形：叶张平展，灰褐夹红

香气：老茶香平和，有稻谷香

汤色：深橙黄

叶底：乌褐

滋味：浓醇，回味略苦

▲ 1915年获巴拿马万国博览会金奖的"马玉记"白毫银针

第二章 品鉴老白茶

第五节 经典大厂和其他代表性品牌企业留存的老茶

熟谙茶叶市场的人都知道,在中国,对于老茶这类型的产品,在普通渠道以外,最具话题和品质的就是国有大厂的产品。中国茶叶总公司下辖的各个地方分公司,从新中国成立以来,就负责中国各大茶类各个类型的产品的生产,在计划经济时代更是唯一的茶叶出口渠道(以中茶福建省公司为例,该公司出口的原料往往在出口后再次进行加工,形成适应外销市场的针对性产品),这些公司的茶叶是质量的标杆。所以,由国有大厂推出的具有年代连续性的经典产品,往往是市场上的风向标。它们在茶叶本身的属性之外,还具备浓厚的时代背景和家国情怀,反映了中国茶业一次又一次的变革,具有独一无二的价值。

此外,20世纪80年代,从国家改变茶叶统购统销的格局、允许个人参与市场竞争开始,一些把握了先机的私营茶企渐渐崭露头角。这个群体中的一部分成员,在经过数十年的苦心经营后,如今终于成为国内的知名品牌。因为它们的早期产品诞生于中国茶叶市场的转轨期,能够非常具体地说明当时的市场环境和制茶理念,非常稀缺，也值得重视。这一节，我们就针对这两种来源的经典老茶产品，做一个展示。

①2006年左右外销的银针白毫。

②20世纪80年代福建茶叶进出口公司的向阳花白牡丹茶。2000年左右，该产品更换商标为"蝴蝶牌"，其包装细节和原料不变。

③20世纪80年代美国纽约大荣行办庄定制的政和白毫寿眉。

④20世纪80年代香港广生茶行的寿眉白茶。

⑤以白茶为主料的美国保健美减肥茶

⑥香港昌兴茶行的白毛寿眉和白毫寿眉。

⑦20世纪80年代外销的寿眉，包装上生产方的信息是"中国土产畜产进出口公司福建省茶叶分公司"。

⑧20世纪90年代外销的寿眉,包装上生产方的信息为"中国土产畜产福建茶叶进出口公司"。

⑨2006年左右外销的牡丹王。

⑩美国加州订购的白毛寿眉。

⑪香港20世纪60年代英美茶庄的寿眉茶。

⑫外销的银针白牡丹。

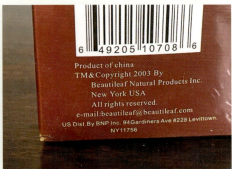

第二章　品鉴老白茶　135

⑬由福建品品香茶业有限公司生产的首届中国白茶文化节纪念茶饼。

⑭由福建省天湖茶业有限公司生产的最早的白茶"生肖饼"。

中 国 老 白 茶

第三章

收藏老白茶

第一节 老白茶的内含物质和感官变化

白茶存放过程中的变化十分复杂，它主要为茶多酚、氨基酸、糖类物质的非酶促氧化、降解，这些变化速度受到温度、湿度、氧气含量和光照等因素影响，其中湿度对白茶陈化影响最大。

白茶陈放时间久了，最明显的变化首先是干茶的色泽和茶汤的色泽，叶绿素脱镁作用进一步加剧，多酚类化合物缩合形成的有色物质增多，导致干茶色泽由灰橄榄色、暗橄榄色进一步向橙红色、红褐色转变，甚至会

△ 不同年份白毫银针茶汤对比

变成黑褐色。汤色从杏黄色向橙黄色、红色、酒红色、琥珀色转变。其次是香气，低沸点的香气成分挥发，高沸点的香气成分更加突显，加上一些化学成分转变，陈香逐渐显现出来，香气从花香、甜香、清香、蜜香、毫香、果香逐步向糯香、枣香、木香、稻谷香、荷香、药香、参香转变。这两个变化我们在老白茶的品饮过程中能直观地感受到。最后是黄酮类物质在老白茶中明显增加。

存放了一定年份的老白茶，香气变得更令人愉悦，滋味也会更加甜柔滑顺，一些功效也会更明显。研究表明，影响白茶品质的物质随着存放时间的增长都表现出一些规律性的变化：水浸出物含量、茶多酚含量呈下降趋势；生物碱含量阶段性升高；氨基酸含量整体呈下降趋势，但部分氨基酸含量在短期贮存过程中有所提高，尤其是蛋氨酸含量；芳香物质种类会减少；可溶性糖的变化不大，含量相对稳定，但贮存时间较久远时，可溶性糖的含量呈下降趋势。从总体上看，老白茶主要营养物质的含量整体呈现下降的趋势。老白茶中也有一些物质含量出现明显的提高，比如黄酮类物质，以及近几年发现的老白茶酮（EPSF）等。老白茶在存放过程中的变化非常复杂，也可能还有一些功效物质没有被发现。

一、水浸出物

水浸出物是茶叶中能溶于水的一类物质的总称，包括多酚类、氨基酸、生物碱以及可溶性果胶等物质。水浸出物含量的多少影响着茶汤的厚薄度、滋味的浓淡度。随着白茶存放年份的增加，白毫银针、白牡丹、贡眉和寿眉各个等级的茶叶的水浸出物含量都在减少，在贮存过程中多酚类、蛋白质、芳香物质和酶类等发生理化反应产生不溶物，使茶叶的苦涩味物

◆ 冲泡白茶

不同贮存时间的白茶水浸出物含量分析：A.白毫银针；B.白牡丹；C.政和寿眉；D.福鼎寿眉

质减少，其滋味与新白茶相比，显得更加甜柔。

丁玎等人对同一等级、不同贮存时间的白毫银针、白牡丹和寿眉的水浸出物含量进行了分析，发现贮存6年的白毫银针、贮存7年的政和寿眉和贮存20年的福鼎寿眉的水浸出物含量与当年白茶相比，均出现显著性减少。不同贮存时间的白牡丹水浸出物含量未出现明显规律，但贮存6年的白牡丹中的水浸出物含量显著低于贮存两年的白牡丹。因此得出结论，在贮存过程中水浸出物含量整体呈下降趋势。

二、茶多酚

茶多酚是茶叶中多酚类化合物的总称，是茶叶可溶性物质中含量最多的一种。它对白茶的色、香、味的形成影响极大，是茶叶中最主要的保健作用功能性成分。茶叶中的多酚类化合物按其化学结构可分为四类：儿茶素类（黄烷醇类）、花黄素类（黄酮醇类）、酚酸类、花青素类。其中儿茶素类化合物是多酚类化合物的主体。白茶在贮存过程中，茶多酚的含量呈下降趋势，儿茶素类化合物的含量呈下降趋势，但也有一部分儿茶素类化合物的含量会增多。

丁玎等人研究发现，随着贮存时间的延长，白毫银针中儿茶素类含量整体呈下降趋势，贮存6年的白毫银针和当年生产的白毫银针相比，儿茶素类含量显著下降，下降了35.24%；白牡丹也出现类似规律，贮存6年的白牡丹与当年生产的白牡丹相比，儿茶素类含量下降了50.02%；贮存7年的政和寿眉与当年生产的政和寿眉相比，儿茶素类含量下降了40.81%；贮存20年的福鼎寿眉与当年生产的福鼎寿眉相比，儿茶素类含量下降了57.14%。

周琼琼等人的研究结果表明，不同年份白茶儿茶素类组分含量有所不同。但在儿茶素类组分中，含量最高的都是EGCG（表没食子儿茶素没食子酸酯），其次是ECG（表儿茶素没食子酸酯），再次为EGC（表没食子儿茶素）、EC（表儿茶素），最后为C（儿茶素），五种儿茶素在不同年份的白茶中含量的总体趋势一致，即EGCG > ECG > EGC > EC > C。陈年白茶和新白茶均以EGCG和ECG为主，即酯型儿茶素比例较高，对于提高白茶保健功效具有很大的意义。

随着贮存时间的延长,陈 2 年白牡丹中 EGC、EC、EGCG、ECG 以及儿茶素类含量与高级白牡丹新茶相比显著下降,儿茶素类含量降低了 22.0%,而陈 1 年白牡丹儿茶素类含量降低了 9.2%,由此可以说明儿茶素类组分在茶叶陈放 1 年后,发生了氧化、聚合或降解,导致儿茶素类含量下降。陈放 3 年、4 年,儿茶素类含量及组分变化不大,陈放 20 年,儿茶素类含量极少,大部分降解或转化为其他物质。

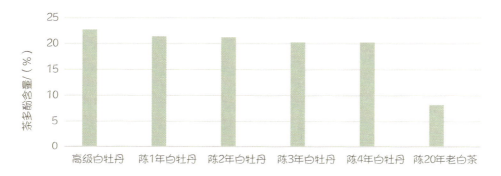

▲ 不同年份白茶茶多酚含量

三、咖啡碱

茶叶中的生物碱主要有咖啡碱、可可碱和茶叶碱,其中咖啡碱含量最高。咖啡碱是茶叶重要的滋味物质,其与茶黄素以氢键缔合后形成的复合物具有鲜爽味。因此,茶叶的咖啡碱含量也常被看作影响茶叶质量的一个重要因素。

在白茶贮存过程中,生物碱相对稳定。随着贮存时间的增加,生物碱含量开始缓慢增加,达到一定峰值后,又会随着时间的推移而减少,但变化范围很小,这与咖啡碱的化学性质有关,咖啡碱是一种嘌呤碱,具有环状结构因而比较稳定,在不同年份白茶主要生化成分中,咖啡碱的含量较其他成分稳定。

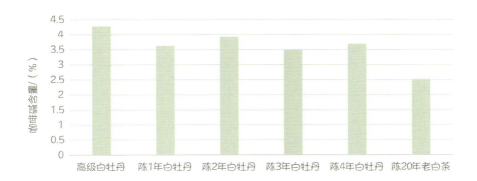

▲ 不同年份白茶咖啡碱含量

四、氨基酸

氨基酸是构成白茶鲜爽味和香气的重要成分，例如茶氨酸具有甜鲜滋味和焦糖香，苯丙氨酸具有玫瑰香味，丙氨酸具有花香味，谷氨酸具有鲜爽味。

在白茶贮存过程中，氨基酸变化很复杂，既有氧化、降解等反应使氨基酸含量减少，还有水溶性蛋白的水解使部分氨基酸含量增加。陈年白茶中氨基酸含量的高低基本上与氧化与水解反应有关。在短期贮存过程中水解部分超过其氧化部分，导致氨基酸含量增加。年份较久远时，白茶中水溶性蛋白的水解作用减弱，氨基酸含量最终趋于减少。

周琼琼等人的研究结果表明，贮存时间较短时，白茶中氨基酸含量差异不显著，年份较久远时，氨基酸含量下降极其显著。高级白牡丹中氨基酸含量是陈 20 年老白茶中氨基酸含量的 12 倍，其原因可能是氨基酸在茶叶存放过程中会发生转化、聚合或降解，与多酚类的自动氧化产物醌类物质结合形成暗色聚合物，生成色素类物质，造成氨基酸含量下降。因此，老白茶茶汤颜色呈深黄色、红色，而新白茶茶汤颜色较浅，呈黄白色。氨基酸在氧化、降解的同时，茶叶中部分可溶性蛋白的水解，造成游离氨基酸增加。因此，陈 3 年白牡丹氨基酸含量高于陈 2 年白牡丹。

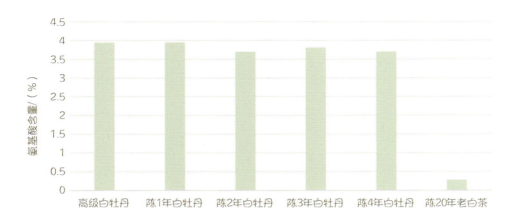

不同年份白茶氨基酸含量

五、可溶性糖

茶叶中的可溶性糖主要是单糖和双糖，可溶性糖是组成茶汤浓度和甘甜滋味的最主要物质之一。

不同年份的各等级白茶中，可溶性糖的变化不大，可溶性糖的含量相对稳定。贮存时间较久远时，可溶性糖含量呈下降趋势。

周琼琼等人对不同年份白茶中的可溶性糖含量进行了测定，发现不同年份白茶中可溶性糖的含量为 1.96%～2.76%。其中，陈 20 年老白茶可溶性糖含量最低。当年高级白牡丹与陈 1 年白牡丹可溶性糖含量差异不显著，但与陈 20 年老白茶相比差异极其显著。陈 2 年白牡丹可溶性糖含量与陈 3 年、陈 4 年白牡丹差异不显著，说明可溶性糖比较稳定，不易发生转化，对老白茶茶汤影响较小。在其他物质快速减少的情况下，可溶性糖的稳定性质可以提高茶汤的滋味。

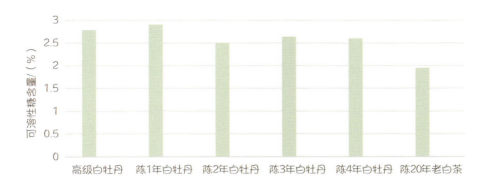

▲ 不同年份白茶可溶性糖含量

六、黄酮类物质

黄酮类物质是多酚类物质的重要组分，主要是黄酮醇及苷类，占茶叶干物的 3%～4%，对茶叶感官品质、生理功能等起重要作用。

周琼琼等人对不同年份白茶进行研究，结果表明陈年白茶黄酮类物质含量比当年白茶的含量高，陈 20 年老白茶黄酮类物质含量显著高于其他年份的白牡丹，达到 13.26 mg/g，是当年高级白牡丹的 2.34 倍。陈 20 年老白茶中茶多酚、咖啡碱、氨基酸等生化成分含量均很低，而黄酮类物质含量却很高，其原因可能是茶叶在贮存过程中多酚类物质结构发生了转化，促进了黄酮类物质的形成。

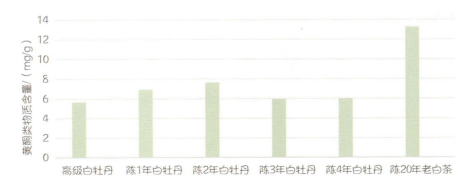

▲ 不同年份白茶黄酮类物质含量

白茶喝到嘴里为什么会有清凉感？

我们在品饮白茶时，明明是喝的开水，但是在口腔里会有清凉的感觉，喝古树茶、生态好的高山茶时，这种感觉更明显，这是茶叶中的糖苷在发挥作用。用同一茶树品种的鲜叶加工成不同茶类，白茶中的黄酮（醇）糖苷含量最高。糖苷在有热量和水的情况下会发生缓慢的吸热水解反应，生成葡萄糖和有机酸，分解时会吸走热量，造成口腔清凉的感觉，这就跟我们从泳池刚出来身上的感觉类似；有清凉感的茶，回甘也比较强，回甘就是糖苷水解产生葡萄糖，带来甜味。回甘不仅仅是甜味，它在口腔会停留很久，回味起来会有一种四处游走，托气生津的美妙感受，这跟橄榄的回甘原理一模一样，只是茶叶的回甘相对柔和，更具层次感；糖苷水解产生有机酸，有机酸会刺激唾液腺分泌唾液，由此喝茶时大家就会出现生津的感受。

糖苷含量高的茶，喝完之后余韵持久，嘴巴里回甘、生津、清凉感同时生发，绵延不绝。老茶在存放过程中，糖苷通过缓慢分解能够持续给微生物提供少量能量，让微生物既不暴发又能以相对简单的形态存在。这些低级微生物会不断分解纤维，产生越来越多的水溶性多糖和游离氨基酸，使得普洱茶、白茶、黑茶在存放过程中汤质变厚、喉韵变深、体感变强。

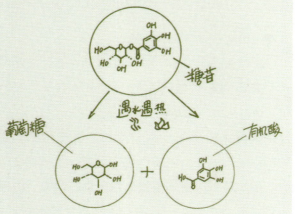

七、芳香类物质

白茶在存放过程中，陈年老白茶中具有花果香的物质如芳樟醇及其氧化物、香叶醇、香叶醛和橙花叔醇等含量减少，而雪松醇、柏木烯、二氢猕猴桃内酯等含量有所增加。

研究发现紧压白毫银针饼中以酯类化合物含量最高，而白牡丹散茶和紧压白茶均以醇类化合物含量为最高。

第二节　老白茶陈放过程中的香气变化

新白茶具有清爽、毫香的香气特征，而陈年白茶清爽、毫香的香气特征逐渐减弱甚至消失，陈香逐渐显现，伴随有枣香、梅子香等香气产生。刘琳燕人等对不同年份白茶香气的研究结果表明，白茶中主要的香气成分是醇类、碳氢化合物。新白茶中醇类化合物的含量较高，碳氢化合物的含量较低，而陈年老白茶中醇类化合物的含量减少，碳氢化合物含量增加。这与绿茶、普洱茶在贮存过程中的变化相似。白茶的香气成分主要有芳樟醇、香叶醇、水杨酸甲酯、苯甲醛、苯乙醇、α-紫罗酮、β-紫罗酮、香叶基丙酮、雪松醇、2-甲基萘、柏木烯、β-柏木烯等。

新白茶具有清爽、清鲜的气息是因为芳香族、有花香味的萜类化合物有利于清爽、毫香显露。这与芳樟醇及其氧化物、香叶醇、水杨酸甲酯、苯甲醛、苯乙醇等含量较高有关。与白牡丹相比，白毫银针中以芳樟醇、香叶醇为代表的醇类化合物含量较高，这可能是白毫银针毫香显的原因。α-紫罗酮、β-紫罗酮、香叶基丙酮等随着鲜叶等级下降而增加的香气成分，在寿眉中的含量较高，这些香气成分可能是寿眉香气略带粗气的原因。

在贮存过程中,花果香型的芳樟醇及其氧化物、香叶醇、水杨酸甲酯、苯乙醇、橙花叔醇、香叶醛等香气成分的含量降低,使白茶清爽、毫香感逐渐减少甚至消失。一些在广东存放的普洱茶中检测出的物质,如有温和木香、沉香的雪松醇,有香豆素和麝香气息的二氢猕猴桃内酯,有煤油味的2-甲基萘,有柏木、杉木气息的柏木烯、β-柏木烯为主的多种不饱和烯烃等,可能是陈年老白茶香气陈纯的物质基础;此外,果香型的苯甲醛,紫罗兰香型的α-紫罗酮,果香、花香、木香香型的β-紫罗酮,玫瑰香、叶香、果香香型的香叶基丙酮等的协调作用,共同形成了白茶贮存过程中陈香带有枣香、梅子香等香型特点。

白茶中香气成分和香气

成分	香气
芳樟醇	铃兰或百合花香气
香叶醇	典雅的玫瑰花香
水杨酸甲酯	冬青油的特殊香气
芳樟醇氧化物	花香
苯甲醛	微弱的苹果香气
苯乙醇	柔和的玫瑰花香
β-紫罗酮	紫罗兰、木香香气
香叶基丙酮	花香、木香味
雪松醇	温和木香、沉香
二氢猕猴桃内酯	香豆素和麝香气息
2-甲基萘	煤油味
柏木烯、β-柏木烯	柏木、杉木气息

白茶的主要香型如下。

毫香：白毫银针、高等级白牡丹典型的香气。这与白茶浓密的白毫呈正相关，含毫量大，毫香越明显。

清香：清香的气味分子构成主要是反式青叶醇。顺式青叶醇草青气重，反式青叶醇则清香清鲜。白茶萎凋和干燥过程中，顺式青叶醇大量挥发以及转变成反式青叶醇，加上一些高温降解产生的简单脂肪族分子共同形成了其清香的特征。白茶萎凋不足往往会出现"青草气"。

花香：花香在白茶中比较常见，而且表现得多种多样，类似兰花香、铃兰或百合香气，这些香气主要是芳樟醇，萎凋干燥过程中青叶醇为代表的低沸点香气物质挥发后，高沸点香气物质具有花香的芳樟醇就显现出来了。

蜜香：蜜香与毫香构成了白毫银针、白牡丹在陈化初期的典型香气特征——毫香蜜韵。形成蜜香的主要香气成分是苯乙酸苯甲酯，该物质沸点较高，因此散逸缓慢，能较长时间存在。此外，苯甲醇也具有微弱的蜜甜香，对蜜香也有一定贡献。

果香：此种香气在白茶中普遍存在，有苹果、甜桃、桂圆等香气。果香形成原因不一，有些是因为白茶本身具有果香的香气物质，有些则是几种香气混合而形成的香气效果。如苹果香在青气将散的新茶中常见，桂圆香在存放了较长时间的白茶中经常闻到。与之相关的香气物质有部分紫罗酮类衍生物，以及具有浓甜香和果香的部分内酯类物质、具有柠檬清香的部分萜烯类、酯类物质，还有在茶叶加工及贮存中产生的芳樟醇氧化物。

日晒气：常见于室外日光萎凋的新制白茶，这种气味嗅来就如同晴天晒好的被子一样，俗称"阳光的味道"，经过一定时间的存放，这种味道会逐渐散去。光线能够促进酯类等物质氧化，其中紫外光比可见光的影响更大，长时间的光照能引起茶叶中的化学物质的光化学反应，让白茶的香气更加丰富。

陈香：陈香常见于老白茶。陈香是老白茶的核心香型，纯正的陈香是老白茶的代表香型，其他的香型都是以陈香为基础，没有陈香就不是合格的老白茶。陈香类似于南方老房子散发出来的那种深沉香气，老白茶应有的陈香是有活性的，闻起来有愉悦感，并无腐败发臭的气味。陈香是一种复杂的混合香气,是木香、枣香、可可香、药香等香气类型的混合表现,涉及的香气物质众多。

枣香:这种香气嗅来如甜枣,这种香型往往在原料比较粗老的寿眉、贡眉中出现,偶尔也会在白毫银针和高等级牡丹中出现,因为粗老叶的总体糖类含量更高,在发酵过程中也能生成更多的可溶性糖。当糖香达到一定水平,就能与木香等其他香气混合而表现出类似干枣的香气。

可可香:在存放了一定时间的白茶中有一种巧克力的香气,这种香气在白毫银针和高等级白牡丹中比较明显。主要原因是年份白茶中茶叶碱和咖啡碱的含量变化不大,但可可碱的含量有较大变化。

梅子香:存放了一定时间的白茶经常会出现梅子香,这是非常经典的香型,最具代表性的梅子香嗅来有清凉之感,又略微带酸,恰似青梅气息。有些茶因为存放环境相对湿度过高或是存放不当出现不良酸气,往往被误认为是梅子香,但这二者是有区别的。梅子香自然舒适与茶搭配无违和感,而不良酸气则显得突兀。有梅子香的茶汤滋味纯正,而有不良酸气的茶汤滋味发酸。

药香:药香属于老茶特有的香气。药香一般来源于长链有机酸,其中最为典型的是棕榈酸。茶叶本身含有糖苷类物质,在存放过程中,活性物质会分解纤维产生长链有机酸,糖苷类物质越丰富,存放过程中越能够分解叶底纤维,棕榈酸积累的量也就越大。因此,药香的浓郁程度和茶叶活性物质含量呈正相关。活性物质越多,存放时间越久,药香越浓郁。

荷香:在新的白茶中可以闻到淡淡的荷香,会增加白茶的清凉感。荷香同样会出现在存放年代较久的老白茶中,一般跟药香、参香同时出现,在冲泡时会闻到淡淡的荷香。

桂圆香:这种香气嗅来如干桂圆,通常出现在白毫银针和高等级白牡丹中。具有桂圆香的白茶往往在加工过程中经过炭焙,保存过程中水分控制得较好。

樟香:樟香多在存放时间较长的老白茶中出现,有沉静自然之感。与樟香有关的香气物质主要有莰烯和葑酮,二者都具有樟脑味的香气成分,混合花木香则表现为令人愉悦的樟香。

参香：类似于人参的香气，常见于存放年代较久的老白茶。白茶中有香气成分和人参香气成分类同的物质，比如具有泥土气息的棕榈酸和具有木质气息的金合欢烯均可在人参的香气成分中找到。在白茶中，除了这些物质外，还有部分含木香和甜香的物质，这些物质富集后，会形成令人舒适的参香。

糯香：属于天然芬芳物质，其香味类似新鲜的糯米散发的清香，也称"糯米香"。

第三节 老白茶的健康价值

白茶属微发酵茶，独特的环境条件和制法，造就了其外形天然素雅、汤色浅黄明亮、滋味清甜爽口的品质特点。随着存放时间的增加，白茶汤色会逐渐加深，由浅黄变到深红，好的陈年白茶汤色如琥珀，鲜艳而且油亮；在香气上，一般新白茶独有一种毫香蜜韵，有的类似豆浆的香味。存放2到3年后往往出现荷香，5年后为清甜花香，细嗅有陈香出现。随着存放时间的推移，老白茶会呈现出枣香，乃至呈现一种舒适的药香；其滋味变得醇厚饱满，入口也更加顺滑，甜度、黏稠度也会逐渐增加。从口感上来说，老白茶存放得越久，如同普洱茶一样，品饮价值也越高。

在福鼎民间素来有白茶"一年茶，三年药，七年宝"的说法，反映了传统白茶的存放价值。白茶味温性凉，具有退热降火、祛湿败毒的功效。自清末以来，北京同仁堂每年都要购50斤陈年白茶用以配药。而在新中国的计划经济时期，国家每年都要向福建省茶叶部门调拨白茶给国家医药总公司做药引（配伍）。

2011年，湖南农业大学茶学学科带头人、茶学博士点领衔导师、国家植物功能成分利用工程技术研究中心主任、教育部茶学重点实验室主任刘仲华教授及其团队，在承担"白茶与健康"研究项目时，对1年、6年、18年的白茶同时进行研究，发现随着白茶贮存时间的延长，陈年白茶在抗炎症、降血糖、修复酒精肝损伤和调理肠胃等功能方面，比新产白茶具有更好的作用和效果。这与经历了时间陈化后，白茶的内含成分发生的变化有关。

福建农林大学周琼琼等人研究了不同年份白茶的主要生化成分含量，研究结果表明，成品白茶在贮存过程中，其主要生化成分茶多酚、氨基酸、可溶性糖、黄酮类化合物等发生了变化。比如，具有较强的清除自由基功能的黄酮类化合物，在陈年白茶中的含量较新茶高。

不同年份白茶的主要生化成分比较分析

样品	茶多酚/(%)	咖啡碱/(%)	氨基酸/(%)	可溶性糖/(%)	黄酮/(mg/g)
高级白牡丹	22.70	4.28	3.90	2.74	5.67
陈1年白牡丹	21.40	3.63	3.89	2.76	6.94
陈2年白牡丹	21.22	3.93	3.67	2.51	7.65
陈3年白牡丹	20.23	3.49	3.81	2.70	5.95
陈4年白牡丹	20.23	3.70	3.80	2.69	6.04
陈20年老白茶	8.20	2.52	0.32	1.96	13.26

数据来源：《不同年份白茶的主要生化成分分析》（周琼琼，孙威江，叶艳，陈晓）

黄酮类化合物具有较强的抗氧化作用和清除自由基的能力，还具有抗菌、抗病毒、抗肿瘤和降血脂等多种生物活性作用，是茶叶发挥保健作用的重要功能成分。湖南省农科院茶叶研究所钟兴刚等人于2009年发表的《茶叶中黄酮类化合物对羟自由基清除实现抗氧化功能研究》，通过提取、定性和定量的分析，证明茶叶中含有较丰富的黄酮类化合物，并通过实验证明这种黄酮类化合物具有较强的清除自由基的能力，黄酮类化合物对羟自由基的清除率随着其浓度含量的增加而增加。陈年白茶中黄酮类含量较新茶高，这为民间俗语"一年茶，三年药，七年宝"的说法提供了科学依据与理论支撑。

中国农业科学院茶叶研究所品质化学与营养健康团队在不同贮存时间的白茶中发现 7 个儿茶素新成分（EPSF，俗称老白茶酮），是由白茶中的儿茶素类成分（EGCG、ECG、EGC、EC）与茶氨酸发生降解转化的醛共价结合而成。该类成分在当年生产的新白茶中含量较低，而在老白茶中含量较高，贮存 10 年的老白茶 EPSF 的含量大于 0.2%。

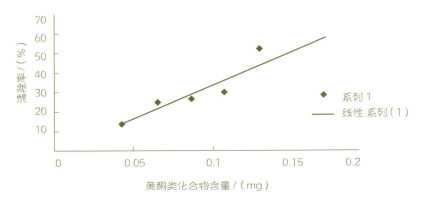

数据来源：《茶叶中黄酮类化合物对羟自由基清除实现抗氧化功能研究》（钟兴刚，刘淑娟，李维，谭正初，杨拥军）

▲ 黄酮类化合物含量与其对自由基清除率的关系

研究表明，老白茶酮具有良好的生物活性，如对过氧化氢诱导的人微血管内皮细胞损伤具有较强的保护作用，可抑制晚期糖基化终末产物的形成，并具有明显的体外抗氧化活性、抑制乙酰胆碱酯酶的活性等作用。

其实，白茶同普洱茶一样，在多年的存放过程中，茶叶内含物缓慢氧化，白茶的品质特点也随之改变。白茶经长时间历练，最终散发迷人优雅的陈韵，很多人爱白茶就是喜欢白茶这种随时间沧桑变化而转变的特质。这也是老白茶的魅力所在。那么，陈年老白茶的保健性，又是通过哪些方面来体现的呢？还是得看数据。

中国农业科学院茶叶研究所品质化学与营养健康团队，对白茶的保健功效做了进一步研究，发现在贮存白茶（老白茶）中由黄烷 -3- 醇的 A 环 C-8 位或者 C-6 位进行 N- 乙基 -2- 吡咯烷酮取代的儿茶素类新成分 EPSF。该类成分在当年生产的新白茶中含量较低，而在老白茶中含量较高。

该团队选用不同年份的市售白茶（白毫银针和白牡丹）进行研究，首次在不同贮存时间的白茶（白毫银针和白牡丹）中发现 7 个 EPSF 类成分，并发现年份白茶中的 EPSF 类成分的含量随着贮存时间的增长而增加，在 1 年、2～4 年、大于 4 年的白毫银针白茶组中，7 种 EPSF 类成分的平均总量分别为 0.754 mg/g、0.761 mg/g、1.340 mg/g，在 1 年、2～4 年、大于 4 年的白牡丹白茶组中，7 种 EPSF 类成分的平均总量分别为 1.009 mg/g、1.028 mg/g、1.930 mg/g，EPSF 类成分的含量与白茶的贮存时间呈强正相关性。

此外，该研究团队在温、湿度可控的人工气候箱中对白牡丹进行贮存和定时取样，发现这 7 种 EPSF 类成分的生成量与贮存时间呈线性正相关，相关系数 r = 0.728～0.989。上述结果表明 EPSF 类成分是年份白茶的特征化合物，可作为白茶长时间贮存的标志性化合物。EPSF 类成分与其前体物质儿茶素类和茶氨酸含量呈负相关。对比不同年份不同花色白茶发现，不同年份白茶其儿茶素类组成均以酯型儿茶素为主，儿茶素类总体含量随着白茶贮存时间的增加而呈降低趋势，茶氨酸含量变化也符合随白茶贮存时间增加而减少的趋势。

年份白茶中 EPSF 类成分的发现，可以为年份白茶的生物活性和保健功能增添新的解释。如部分已在普洱茶中发现的 EPSF 类成分，与儿茶素类成分相比，其对过氧化氢诱导的人微血管内皮细胞损伤具有更好的保护作用，说明 EPSF 类成分可能具有抗心血管疾病功效。还有一部分的 EPSF 类成分，可抑制晚期糖基化终末产物的形成，说明 EPSF 类成分可能具有预防糖尿病发生发展的功效。此外，另有一些 EPSF 类成分，具有明显的体外抗氧化活性（DPPH、ABTS+ 实验）及抑制乙酰胆碱酯酶活性的作用。

针对白茶"一年茶，三年药，七年宝"的说法，中国农业科学院茶叶研究所品质化学与营养健康团队采用多种炎症动物模型对白茶的抗炎活性进行了综合评价，发现不同年份白茶均显示出一定的抗炎活性。其中贮存 10 年的白茶在角叉菜胶致大鼠足趾肿胀急性炎症模型中表现出比实验对照贮存 1 年和 3 年白茶更强的抗炎活性。对不同贮存时间白茶处理的炎症动物血清分析，在 67

个炎症因子中筛选出 9 个在白茶处理组中的差异表达，而其中 5 个差异因子（RANTES、TWEAKR、CNTF、LIX 和 Adponecin）在贮存 10 年白茶处理的炎症大鼠中具有最高表达。这些差异因子具有激活免疫细胞、抑制促炎因子、趋化抵达炎症部位、降低炎症反应、减少炎症发作中的组织破坏等作用。进一步对年份白茶的标志性成分 EPSF 化合物的研究表明，该类成分对于脂多糖诱导的 RAW64.7 巨噬细胞具有较强的抗炎活性，可通过抑制 NF-kB-p65 蛋白的表达和磷酸化，以及抑制 p65 蛋白的核位移，从而抑制 NF-kB 信号通路的活化，发挥抗炎作用，且其抗炎活性强于 EGCG 和茶氨酸。

癌细胞由人体正常细胞突变形成，癌症具有细胞增殖异常、生长失控、浸润性和转移性等生物学特性。各地研究人员通过试验分析，发现白茶具有抗突变活性，能够抑制脱甲基酶并减弱其突变活性，其抑制作用可能是由于白茶含有以 EGCG 为主的 9 种功能性成分。白茶中多酚类化合物对癌细胞有较强的抑制作用，能阻断亚硝基化合物的合成和亚硝基脯氨酸增生，从而对皮肤癌、肺癌、食道癌和胃癌等具有较显著的预防和抵抗作用。其中 EGCG 的抑制作用最强，能同时作用于多个分子和通路，抑制肿瘤发生并促使肿瘤细胞凋亡，且可以保护正常细胞 DNA 免受损伤。此外，白茶中的咖啡碱能够整体降低患癌的风险。

糖尿病是以高血糖为特征的代谢性疾病，主要是由于胰岛素分泌缺陷或其生物作用受损或两者兼有所引起。相关研究表明，白茶对于二型糖尿病相关的 α- 淀粉酶和 α- 葡萄糖苷酶的活性具有强烈的抑制作用，其中贮存 1 年的白茶抑制作用强于贮存 3 年和 5 年的白茶。白茶中的含有丰富的茶多酚和茶多糖，能够共同作用并降低人体内血糖含量，规避因高血糖带来的疾病风险。

在临床人体试验方面，耿雪等人开展了白茶对血脂异常人群血脂血栓形成和抗氧化能力影响的研究，发现白茶组受试者（51 例）试验末期甘油三酯（TG）、总胆固醇（TC），以及总胆固醇与高密度脂蛋白比值（TC/HDL-C）明显低于试验起始时和低于对照组。差异均有统计学意义，表明白茶具有一定的调节人体血脂、减缓血栓形成和抗氧化的作用。

科研院所、高校团队及相关临床医学的种种研究发现表明，白茶具有抗氧化、抗突变、降血糖、降血脂、抑制癌细胞活性、减轻糖尿病引起的代谢紊乱、保护肝脏、降低胆固醇吸收和治疗胃溃疡等保健功能。不同年份的白茶在生物活性和保健功效上具有一定的差异，但其保健性能是相同的。

　　茶学界未来对白茶的研究，一定会走向更重生活实用性、多样性、功能性、便利性的道路，并结合时代最前沿的生物医学技术，开发更多元的具有保健功效的白茶产品。

第四节　老白茶的市场形成和分析

从新制成的新白茶到经历岁月的老白茶，有关白茶收藏的话题，近年来非常热门。

在白毫银针的发源地福鼎，人们过去饮用白茶，更接近于将白茶作为偏方。"记得在我们小的时候，家里会有个大大的茶壶，里面凉着白茶，当然等级都不高。因为高等的白毫银针和白牡丹要拿到市场上换钱，来维持一家人的生活。"在乡下，我们不止一次邂逅人到中年的大哥大姐，他们在谈到白茶的往事时说，过去民间喝茶，不过是在大壶或大缸里多投放些白茶，然后冲入95℃左右的开水，随时饮用。投的茶不讲究，茶水的量和置放时间也不限，从几分钟到24小时不等。如果是炎热的夏天，人们上班或下地干活之前泡好茶，等下班或收工回家时饮用，不仅止渴，还能消除疲劳。

在政和的老茶区东平，这里家家户户也都有自制白茶自家饮用的传统，生产和加工方法也是传统的。我们在东平走访的几户茶农人家，都用最传统的晾青筛将白茶晾在房前屋后以及自家楼顶。而在政和的铁山、石屯一带，也有相当一部分茶农自己做茶晾青，他们在过去很长一段时间里，都是根据传统和经验做茶。计划经济时期,他们做出来的白茶,通过各个乡镇的茶叶收购站,上交给国家,直到后来茶叶流通体制发生变革,普通人才能够留下一些茶自己慢慢喝。

中国近七十年来的茶叶发展史,是红(茶)变花(茶)、花(茶)变绿(茶)、绿(茶)又变红(茶),红(茶)热闹完以后,白茶"热"了。这股热潮从闽东的福鼎起步,逐步席卷全国。中国白茶,以它最自然的工艺和最朴素的风貌,赢得了大部分消费者的青睐。

而中国白茶自创制以来,一直以外销为主。主要出口国家有印度尼西亚、马来西亚、德国、法国、荷兰、日本、美国和秘鲁等。福建出口的白茶主要有白毫银针、白牡丹、贡眉、寿眉、新工艺白茶、白茶片。其中,福鼎主要出口白毫银针、白牡丹、新工艺白茶、白茶片;政和主要出口白牡丹、新工艺白茶、白茶片;建阳主要出口贡眉、寿眉、白牡丹。

迄今为止,在全世界范围内可以找到的留存完好的老白茶,就是在本书第一章中提及的由福州"马玉记"茶号出品的白毫银针(产品的英文名称是FLOWERY PEKOE,意思是"花香白毫",早期白毫银针叫银针白毫,白毫就是现在的白茶),这款白茶参加了1915年的巴拿马万国博览会并一举摘得金奖。2023年春末,本书的两位作者在北京见到了这款百年白毫银针的真面目,它由我们的特约访问人赵女士从美国带回国内,并在各方见证下展露真容。这款百年白毫银针之所以能留到今天,完全是因为特定的时代因素——1915年的巴拿马万国

▲ 20世纪90年代,白毫银针出口用的茶箱,现存于澳门博物馆

▲ 巴拿马万国博览会金奖奖牌

第三章 收藏老白茶 161

博览会，是清王朝被推翻以后，北洋政府主导参加的第一次世博会，所以各省政府都非常积极采办参展物资。

福建作为中国茶叶生产大省，送去了大量的茶品参选，其中就包括了一举夺金的"马玉记"白毫银针。让人没想到的是，在这场展会还没有结束，袁世凯居然在国内称帝了，这引发了群情激昂的"讨袁"战争。前往参展的人员面对这样的国家局势，在震惊之余愁起了经费，这么多的展品如何处理？带回国已经没有路费，变卖又希望找到真正识宝之人，最终，为巴拿马展会提供了各种支持的广东侨商刘兴，倾其所有将资金送到展团，解决了中国展团的燃眉之急，将中国珍品留了下来。随着岁月流逝、光阴荏苒，百年白毫银针在历经风云变幻后留存了下来，成为活生生的历史见证者。我们的特约访问人赵女士，正是刘兴家族的第四代传人。

我们再把目光转回到市场。21世纪之前白茶在国内最大的市场是香港。香港为什么会是过去国内最大的白茶市场？这跟它的人口构成和生活习惯有关

▲ 本书两位作者和刘兴先生的后人赵女士相聚

▲ 计划经济时期的老白茶外包装箱

系。据一份文献记载，1841 年，英国侵占领香港进行人口普查时，香港岛本地人口不过 5650 人；1851 年，香港岛人口就达到 32983 人，约是 1841 年统计人口的 5.84 倍。人口如此快速地增长是因为香港成了鸦片贸易的转口港，大批外国商人涌入，从而吸收了更多的内地劳工。19 世纪的 50、60 年代，太平天国运动造成南方一些官员和商人逃至香港，太平天国运动失败后，部分起义军也避难至香港或通过香港移民海外。香港人口快速飙升，1881 年人口达到 160402 人，约为 30 年前的 4.86 倍。

到了 1931 年，在香港居住生活的 82.1 万华人中，出生于香港岛及新界者为 27 万人，占华人总数的 32.9%，出生于广东者为 53.4 万人，占 65%，出生于中国其他省份者为 1.3 万人，仅占 1.6%。在华人中，出生于广东者位居第一的格局至今未变。

饮茶，是广东人根深蒂固的生活习惯，无论有钱没钱，茶是一定要喝的。香港人饮茶的习惯，一是来自老广州的商业文化。因为从清中期开始，广州成为珠江三角洲的政治经济中心，一些从事贸易的商人发展出了在早、晚两顿正餐之外，用作休闲和商务洽谈的饮茶时间，方便商人们交流商业信息或做先期谈判。于是并不限定消费时间的各种茶室和茶楼便成了办公室的延伸。这些商人中的相当一部分，后来前往香港发展，在他们的推动下，香港本地也产生了不少著名的老茶楼和老茶庄。二是香港人的童年，都是从跟着长辈上茶楼开始的。因为香港地方小、人口多，多数香港人住得不宽敞，但是又有大家庭聚会的习惯，这时最好的去处就是茶楼或者比较高级的茶餐厅。而香港的茶楼和茶餐厅，无论档次高低，有一半以上都供应白茶，因为香港天气湿热，许多人特别爱喝白茶，白茶有一定程度的清热消炎功效。这使得香港成为中国白茶最重要的销售区。

香港人习惯喝白茶，比较传统的老年人也会贮存一些白茶，因为久存的白茶确有保健功效，所以有条件的人家和一些老茶庄，会收藏一些白茶在家中或存于仓库。过去民众生活条件不好，虽然白毫银针在香港市面上也有销售，但它是"高价货"，只有生活富裕的人才能无负担地饮用，也只有像陆羽茶室那

▲ 旧时广州西关人家的日常饮茶器具

样高档的消费场所才供应，普通工薪阶层不敢问津，所以白毫银针在香港远不如寿眉普及。

长期以来，由于香港人对白茶的固定消费习惯，也因为香港历史上就是茶叶的贸易港口，白茶除了在本地销售外，还经过包装后远销欧美。新中国成立后，香港依然是白茶的主要消费市场。20世纪50年代初，由于内地供应的白茶数量不稳定，香港市面上中低端白茶的价格过高，结果台湾地区生产的白茶抢占了不少市场份额。20世纪60年代，大陆和台湾的白茶几乎平分香港市场；到20世纪70年代后，逐渐超过台湾，并占主导地位。到了20世纪80年代，台湾白茶逐渐退出香港市场。

为什么呢？20世纪70、80年代后，香港经济腾飞，香港社会对白茶品质和等级的要求都提高了，中低端白茶的市场份额渐渐被更高等级的白牡丹抢占。由福鼎、政和，尤其是政和生产的高端白茶产品，因其口味醇厚，更合香港人的口味，20世纪90年代后成为香港白茶的最大宗消费品。

马来西亚是白茶在东南亚的重要市场。"下南洋"的马来西亚华人原本偏好重口味的乌龙茶（比如陈年的岩茶水仙和新茶铁观音），以及"两广"人喜欢的六堡茶（也要经年存放），而白茶仅占一小部分。但由于南洋天气炎热，

▲ 香港老茶庄销售的白茶

第三章 收藏老白茶

很多华人刚到南洋时水土不服，于是就把在老家喝老茶治病的土办法用起来，他们把六堡茶和白茶当中药来喝，以此减轻或消除一些小病小痛。这种做法渐渐成了生活习惯。

因此，中国茶叶总公司下属的各分公司都把马来西亚作为东南亚最大的茶叶销售市场。而邻近马来西亚的新加坡是一个主要的茶叶中转港口。

美国市场的情况又有所不同。根据 20 世纪 80 年代前往纽约发展、后来自己经营茶庄的福州人郑先生回忆，他在 20 世纪 90 年代开始喝中国各地的外销茶，结果发现家乡福建的茶和美国的中国茶之间，存在很大的价格差。20 世纪 90 年代，福州市面上正常质量、由各家国有企业生产的各品类茶叶，售价多在一两百元人民币一斤，而出口到美国后，一盒标重 125 克的茶，平均价格才 1.5 美元，算起来一斤不过 6 美元，6 美元甚至不够从中国寄到美国的邮费。郑先生从中看到商机，开始专门的茶叶收藏。

二十多年过去了，郑先生的茶庄始终生意不错。在收藏方面，可以说从北洋政府时期一直到新中国成立后的各个时期的各种茶类的样本，他都有收藏。据他介绍，在海外流转的中国茶，新中国成立之前以乌龙茶、茉莉花茶、红茶为主，白茶几乎未见；新中国成立以后，中国外销茶的品种变得丰富，包括武夷岩茶、茉莉花茶、铁观音、祁门红茶、英德红茶、上海珠茶、云南普洱、福建白茶、浙江龙井等，出口来源有广东茶叶进出口公司、福建茶叶进出口公司、厦门茶叶进出口公司、云南茶叶进出口公司、上海茶叶进出口公司等，全部都是国有企业。而如今在海外收藏市场的老茶中，产于 20 世纪 50、60 年代的极少，真正有存量的多产于 20 世纪 70—90 年代，其中白茶在欧美又属于小众，存量并不多，因此价格高企。以经典的中茶福建省公司所产"蝴蝶牌"寿眉为例，当年（20 世纪 80 年代）出口时每 100 克的价格为 1.25 美元到 1.5 美元，现在的收藏价格高得惊人。

作为收藏家，郑先生在谈到国内的白茶热时表示，近年来中国的茶叶藏家除了在国内各地搜寻外，也逐渐前往美国寻茶，他自己就接待了不少藏家。但他认为在藏茶这件事上，普通人不宜盲目跟风，如果实在想涉足老茶，必须积累丰富的鉴定经验，还要认准渠道清晰的原厂原包装最好未开箱的老茶。因为各个时期各个国有大厂的内外包装，包括物料材质、包装方式、包装上的字体和颜色印刷等，都有其鲜明且难以仿造的特点，而散茶是无法从包装上进行鉴定的。

对此，国内的白茶收藏者表达了相同的意见——白茶是外销特种茶，多年来它的市场都不瘟不火，过去留在民间的老白茶数量很少，即使有，等级也不高。而在计划经济时期垄断了白茶进出口的外贸公司，有时会有一定数量的存货，但那也并非有意为之。真正的白茶收藏，是在近几年白茶市场走热以后才出现的。

由于国内陈年老白茶的存量太少，所以国内的收藏者把目光投向了国外——他们从美国、加拿大等地的杂货铺和药铺中收购老白茶再寄回国内（白茶在国外主要在唐人街的一些杂货铺、茶庄以及药铺销售，它是华侨日常的生活用品，是不经意间留下来的），费尽了周折。即使如此，老白茶的数量依然不多。根据茶圈中有相当影响力的广东藏家叶先生的说法，他手里收藏的老白茶，真正称得上有数量的，还是20世纪90年代到2000年左右的这段时间生产的老白茶。

在北京马连道经营老茶生意的另一位藏家林先生，则将收茶的主要目的地放在香港。因为早期白茶出口的途径一是由国内的茶叶进出口公司直接出口，二是由香港的贸易行从内地进货，然后在香港按国外客户的要求再次包装后出口。正是这些经营白茶的贸易行，在相当长的一个时期内，通过与内地茶叶进出口公司的贸易往来，全面掌握了对香港酒楼茶餐厅所用的茶叶原料的定点供应，而它们手中的茶源相对真实可靠。

但需要注意的是，在香港的各大茶庄、贸易行的主要经销品种中，高等级的白茶极少见。这是因为，过去在酒楼、茶餐厅所饮用的白茶，大多只是等级很低的寿眉，而像白毫银针和特级、一级白牡丹这样的高等级白茶，只会出现在收费昂贵的高档茶室，只有少数人喝得起。所以，贸易商不会大量压货。

总的来说，老白茶收藏是在市场发展和时代进步中出现的新事物，但是风险始终存在。几乎所有的收藏家都提醒爱好白茶的消费者，个人藏茶的出发点首先应该是兴趣，其次是要有条件，一定要避免那些不真实的所谓"老茶"，因为它们既没有品饮价值,也没有收藏价值,还影响身体健康。所以,建议没有经验的普通消费者,先喝懂新茶,再来追求老茶。如果确实有藏茶的兴趣和条件,那不妨再入手一些自己喝得懂也分得清来源的好茶,然后慢慢藏,亲身感受它的陈化过程和陈化后的口感,这才是收藏的真正乐趣所在。

第五节　火眼金睛，识破老白茶的"做旧"

白茶存放时间越长，其保健价值越高，这一点在业界得到广泛认同。白茶储存方便，只要在干燥、避光、无异味的条件下，就能长期保存，所以近年来老白茶收藏市场不断升温，几近"火热"。

但市面上陈期在十年以上的老白茶，其实很少。同样是作为收藏对象，普洱茶的老茶从清末一直到现在，每个时代都有标杆性的产品诞生，从清末民初的宋聘号、福元昌等老茶号的号级茶，到20世纪50、60年代的中茶红印，再到20世纪80年代末勐海茶厂的7542，都能找到对应的标准样品。而老白茶不同，在2000年以前很少有人去研究它，过去白茶一般以散茶的形式存在，贮存所占库容量大，加之白茶属于小众茶类，消费区域主要为珠三角和香港，少量出口东南亚、欧美等地区，致使流传下来的老白茶少之又少。

收藏白茶，一是要看品质。品质值得信任、流通链清晰的白茶，才具有收藏价值。目前市面上，存在做旧老白茶的现象（饼茶相对更严重），这种茶的外观看起来发黑、黯淡，饼面颜色发暗、发红且均匀，但这是不合理的。因为白茶在自然陈化的过程中，随着陈期的逐渐增加，确实会出现岁月的痕迹，但不可能整饼茶的叶片，由绿色骤变成没有任何过渡的黑色、褐色。不论一款老白茶处在哪个年份段，在自然陈化、年份真实的前提下，由于叶芽老嫩不均，它的叶片色系一定是五颜六色的，一般会呈现出深绿、浅绿、黛绿、黄绿等不同颜色，绝不会变得单调统一且无光泽。

▲ 在萎凋到七八成干时进行超高堆放的做旧老白茶

这种所谓的"老白茶"泡开后，香气寡淡，喝起来有苦涩感、锁喉感，甚至有拉嗓子的感觉，闻起来有隐约的杂味、异味，叶底无弹性，叶脉不清晰，稍微拨动一下就烂碎了。而正常陈化老白茶的表现应该是茶香馥郁、茶汤顺滑、入口甘甜醇厚，茶泡开后叶底鲜活且弹性大，叶底茎脉清晰。

那么这些做旧老白茶是怎么做出来的呢？大概有以下几种方式。

（1）渥堆

为了获得色泽红褐的陈茶外形，在萎凋到七八成干时就进行超高堆放，使其外形内质迅速转化，直到颜色变成红褐色再进行暴晒或者烘干。这种方式做出来的茶往往滋味较薄，香气较低。

（2）暴晒

在高温高湿环境下加工生产时，鲜叶摊放较厚，直接在太阳下暴晒，让白茶发生红变。这种方式做出来的白茶外形趋于一致，略微带点弯曲。

（3）湿仓存放

在高温高湿的环境下储存，加速白茶的陈化。有的是在毛茶做好后直接在高温高湿的环境下堆放来加速陈化，有的是加工成白茶饼茶或者成品后，再进行陈化。如此，轻者容易失鲜、陈香不纯正、滋味不醇和；重者在长期存放后容易产生霉味等恶臭气味，大多需要进行"退仓"处理。毛茶大多采用高火烘焙的方式，这种茶往往闻起来有岩茶的高火香；饼茶、成品茶则利用干燥环境来除去令人不悦的气味。

所以，建议刚接触白茶的爱好者，收藏知名品牌的产品为宜，因为品牌产品的质量有保证。如果有足够的专业知识，而且喜欢更加有个性和特色的产品，建议首先从品种和产地入手，最好收藏福鼎和政和产的高山茶。建阳产的水仙白和用菜茶制成的小白，目前市面上量不多，也是不错的选择。

收藏白茶，除了看品种和产地，还要"察颜观色"，也就是根据其外观和内质表现来做甄选。

（1）看形状

主要看老白茶的形状和色泽，老白茶形状以芽叶连枝、平伏舒展、叶缘背卷为上，紧压白茶还需考虑匀称度、松紧度和平整度。

（2）看色度和光泽度

老白茶呈现褐绿、黄褐、红褐调和均属正常，陈茶会偏枯、暗一些，但要

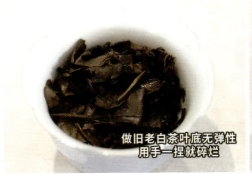 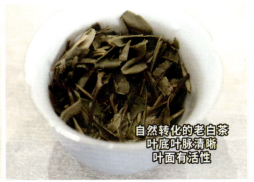

▲ 叶底对比

注意与原料粗老所产生的枯、暗区别开来。色泽暗黑大多为"做旧老白茶"。

近几年，市面上做旧的老白茶以寿眉饼居多。正常的寿眉饼是"五颜六色"的，这主要是跟叶片的老嫩不匀有关，老的叶片含水量少，萎凋过程中会出现黄绿色，嫩的叶片含水量高，会出现灰绿色或者橄榄绿色，一些采摘过程中受伤的叶片会出现红色，因此在转化的过程中会呈现黄绿色、褐色、黄色、红褐色等花杂的颜色，色泽是鲜活的。"做旧老白茶"是单一的褐色或黑色，且黑褐色较重，色泽不均匀、比较暗沉。

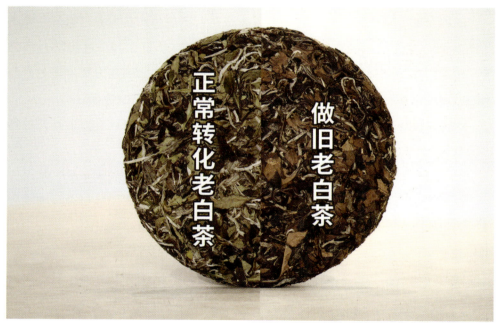

▲ 正常老白茶饼"五颜六色"，条索叶片齐整，做旧老白茶色泽单一，呈褐色或黑色

（3）看汤色

白茶的汤色以"清澈透亮"为佳。汤色主要从色度、亮度、清浊度来看。老白茶以深橙黄、橙红为主，30年以上的老白茶，其汤色类似琥珀色，橙红油亮，年份越久远，汤色越深。自然存放的白茶的汤色最主要的特征是清澈明亮。"做旧老白茶"的汤色以橙红和暗红色为主，往往浑浊、发暗、不清澈。由于白茶不炒不揉，正常存放的老白茶冲泡出汤较慢，做旧的老白茶，除了高

△ 汤色对比

温日晒的以外，大多出汤很快。

黄绿、杏黄、橙黄以及橙红等，都有可能是白茶茶汤的颜色。当白茶经过存放，茶汤的色泽会发生变化，汤色也会发生变化，其变化过程为：嫩黄明亮—浅黄—深黄—橙黄泛红—红艳明亮—琥珀色—深红油亮。茶汤的色泽取决于采摘鲜叶的成熟度、加工方式和存放的时间。汤色色泽与白茶品质有关，但不宜以汤色直接判断白茶的品质，是否澄清才是判别白茶品质的重点。好的白茶，无论新茶还是老茶，汤色必定澄清（茶毫带来的浑浊除外）。因为茶汤澄清透亮与可溶性果胶等物质含量呈正相关，其澄清透亮程度在白茶萎凋过程中也会增加，所以制作良好的白茶茶汤一定清澈透亮。

（4）闻香气

主要考察香气的纯正、高低、长短。陈年白茶应具白茶本身的香气，以陈香纯正为主，不能有酸、馊、霉等异杂气味，更不能以回潮产生的失鲜、失风、陈气，甚至是在此基础之上长期存放所产生的霉味等作为陈茶判别的标准。香气高低主要看陈香的浓度，以陈香浓郁为上，应特别注意老叶粗辛气不能与木、药、荷香等混淆作为判别陈化的标准。香气以持久为好。

正常的老白茶有荷香、药香、枣香、薄荷香等各种香气，闻之会让人身心愉悦。冲泡后汤气清醇，伴有药香、竹叶香、花香等。做旧老白茶则会出现一股发酵的味道或者霉味。做旧老白茶会出现过度发酵、洒水的情况，所以略带酵味。

> 正常茶叶

> 正常茶汤

> 正常茶饼

> 正常茶饼汤

> 做旧茶叶

> 做旧茶汤

> 做旧茶饼

> 做旧茶饼汤

(5）品滋味

主要尝茶汤醇正与否。正常存放的老白茶开汤冲泡之后，茶汤滋味醇滑甜爽，且汤水黏稠，回甘、生津都很持久，一口下去，有枣香、荷香在鼻尖萦绕。做旧老白茶，有的因为渥堆发酵，在温湿度较高的环境下制作，这样做出来的白茶，滋味淡薄，不耐冲泡，有的略带有苦味，甚至还会伴有锁喉感。

（6）看叶底

主要看叶底的老嫩、色泽、匀度，还要特别注意查看叶张舒展情况。正常工艺制作的白茶陈放后叶张依然舒展柔软。叶张缩紧、泡不开甚至有烂叶的均不是正常的陈年白茶叶底。通过自然氧化和缓慢发酵的正常老白茶，虽经过了多年的陈化，但叶底的脉络依旧很清晰，油亮，有活性；做旧的老白茶脉络不清晰，色泽呈不正常的黑褐色，叶态僵硬，用手一捏便烂。

第六节　存出理想风味老白茶的五大要点

在实践过程中,白茶通过一定时间的存放,品质会发生转变,品饮价值也会提高。要想存放的白茶有价值,首先,存放过程要保证白茶干净的品质特征,其次,要让白茶的风味向我们想要的方向转变。控制茶叶的水分,在合适温度、湿度环境中存放非常重要。《白茶》(GB/T 22291—2017)和《紧压白茶》(GB/T 31751—2015)关于贮存的表述都是"应符合GB/T 30375的规定"。也就是茶叶的含水率控制在8.5%以

▲ 茶仓里的智能除湿机

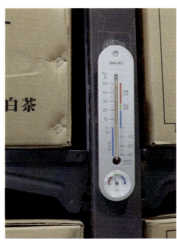
▲ 茶仓里的温度计

▲ 标准茶仓

下,存放的环境温度在 25℃以下、相对湿度在 50% 以下。

白茶存放环境主要管控以下五个因素。

(1)气味

由于茶叶本身的吸味性较强,很容易吸附空气中其他物质的气味,如跟其他味道较重的物质(化妆品、樟脑丸等)放在一起,则容易串味。

如何避免串味?在贮存保管时要特别注意,不能将白茶与其他商品,特别是有气味的商品存放在一起,更不能用有气味的包装材料包装茶叶,也不能用不卫生及运送过其他有异味物品的车辆运送茶叶。无论是茶叶仓库、茶叶加工厂,还是茶叶商店,都要严格避开有异味有毒气体。

对于普通家庭来说,适合将白茶存放在清洁的仓库、书房、平时闲置的卧室等地,因为厨房、客厅、自用卧室等空间平时进出频繁,容易出现油烟味、酒精味、香烟味、香精味等等,会干扰白茶的存放环境。切记,不要把白茶放在冰箱里,以免异味和水汽污染茶叶。

(2)水分

一般茶叶贮存的最佳含水率为4%～6%,在这个条件下,茶叶中的有效成分损失较小,茶叶含水率超过6%时,叶绿素会迅速降解,茶多酚会自动氧化,茶叶转化加速。

白茶存放是不是越干燥越好呢？现有的国家标准并没有指明最佳的贮存条件。环境过于干燥,白茶转变非常慢,达不到老白茶对品质和品饮的要求,日本贮存的1983年的白毫银针,经过40年的存放,干茶的色泽和内质变化都很小,跟正常贮存3到5年的品质差不多。这款茶一直是在25℃以下的专业茶叶仓库中存放,相对湿度控制在55%以下,茶叶含水率低于5%。在这样的环境下,白茶品质变化非常缓慢。干茶的外形色泽呈灰白略红,汤色杏黄,香气清新,毫香明显。因为长期存放,这款茶的滋味比新茶甜糯,细闻略带有参香。

龚淑英等人认为普洱茶含水率在9%时最利于品质形成,在较高温湿度下贮存不仅可以加速陈化,还能提高品质。黄国滋等人以高、低湿度交替贮存晒青绿毛茶和陈香单丛茶,也得出相似结论,这些结论对白茶贮存也有借鉴意义。特别是紧压寿眉,跟普洱茶一样,在贮存过程中需要有微生物参与。水分是微生物生命活动的必需条件。各种微生物所需的水分并不相同,细菌和酵母菌只有在含水率20%～30%的食品上生长,它们的芽孢发芽也需要大量水分。因此可以认为,这两种菌类在茶叶上几乎是难以繁殖的。而霉菌则在含水率12%的食品上就能生长,同时只要条件适宜,多数霉菌甚至在含水率低于5%的条件下仍能生长。孢子飞到茶叶上,只要温湿度合适,五天内即可看到霉点。含水率控制在9%,白茶中糖苷通过缓慢分解能够持续给微生物提供少量能量,让微生物既不暴发又能以相对简单的形态存在。这些低级微生物会不断分解纤维,产生越来越多的水溶性多糖和游离氨基酸,使得白茶在存放过程中汤质变厚、滋味变滑、体感变强。

正是基于白茶贮存安全考虑,《白茶》(GB/T 22291—2017)和《紧压白茶》(GB/T 31751—2015)中,要求白茶含水率≤8.5%。在气温较高、湿度较大的条件下,白茶含水率高就会影响白茶香气和滋味的纯净度,尤其是白毫

▲ 1983年日本低温存放的白毫银针（左）和1997年正常存放的白毫银针（右）

银针和等级较高的白牡丹。在南方夏季7—8月间，气温高达37～39℃，相对湿度又在80%以上，存放白茶要特别注意防止茶叶吸潮。从白茶企业的经验看，将含水率控制在5%～7%最为理想，含水率过低白茶很难发生品质转化，茶汤的滋味达不到甜柔滑顺；含水率过高容易导致白茶香气不足，茶汤出现酸感，降低品饮的愉悦感。

在相对湿度达标的场所，白茶才可以长时间保存，理想的相对湿度为小于50%，最高不能超过60%，这样的环境才有利于品质的转化。相对湿度过高，白茶会出现色泽枯暗、汤色泛红、香味低闷而平淡的现象，当相对湿度超过75%时，会加速白茶的"老化"，容易出现"湿仓味"；在相对湿度太低，特别是北方有暖气的空间存放白茶，白茶茶汤会有"燥感"。

如何防潮？

首先，要选择库房的位置，尽量选择地势高的位置，远离易涨水的河流、池塘。特别注意：中国南方的黄梅天、回南天，水泥地面、墙面会渗水，所以在南方地区的仓库中，装茶叶的箱子一定要注意离墙、离地放置。一般来说，距离墙面20厘米、地面40～50厘米较合适，有条件的还可以铺木地板，可起到隔绝水汽、防潮的作用。

其次，在阴雨天气或者南方的回南天，不得进货取货，库房的门窗要封闭，使仓库保持阴凉、干燥的环境。在大批量存放白茶的情况下，必须购置专门的除湿机，确保室内干燥。

（3）光线

光是一种热能。茶叶内在物质受到热的作用，会发生变化，从而致使茶叶变质。所以，贮存茶叶也不能忽视光线对茶叶质量的影响。茶叶在透明的容器里放置10天，维生素C就会减少10%～20%。如果将茶叶放在日光下晒一天，茶叶的色泽、滋味就有很大的变化，并且有"日臭气味"，茶叶鲜度也会丧失。这是因为，茶叶在波长400微米以下的紫外线照射下，就会引起化学反应，影响茶叶的质量，所以用来贮存和包装茶叶的容器，必须是不透光的，否则茶叶就会变成枯黄色，香气消失，汤色发暗。

如何避光？要同时做到包装避光和存茶环境避光。严格避免用玻璃器皿装白茶，而应选择纸箱、塑料袋、存茶铝袋，同时使用"三层包装法"，为白茶打造完全避光的环境。建议在使用"三层包装法"之后，再对最外层的纸箱进行最后一步的密封工作：先用透明胶带密封纸箱的开口，然后将纸箱四周的缝隙也密封起来。

除了存茶包装需要注意避光外，在存茶环境的选择上，也大有讲究，要避免茶叶受到阳光的直射。更具体地说，就是不要将白茶放置在阳台、露台等直接接触阳光的地方。在室内，当外界的阳光特别充足，比如夏日暴晒的情况下，就要拉上遮光的窗帘，让白茶远离过强的光线，以免带来不可逆的损失。

（4）氧气

茶叶中与空气中的氧结合而发生氧化反应的物质，主要是茶多酚中的儿茶素类和维生素C。氧化的茶叶，会发生质的改变，茶汤变红，甚至变褐，茶失去鲜爽味。茶叶暴露在空气中越久，氧化得越严重，茶叶的品质就会变得更差。在高温无氧下贮存，虽茶叶的外观也会发生褐变，但内质变化不大。白茶存放不需要抽真空，保留一点氧气有利于后期的转化。因此，白茶贮存要有相对密闭的空间。注意：不可过分通风，否则白茶天然的香气会流失；亦不可过分密闭，使白茶无法转化。

如何合理密闭？选择包装物时，不要采用紫砂罐，因其具有特殊的双气孔结构，密封性不强，紫砂器具适合泡白茶而不适合存白茶；不要选用陶罐，因其四壁温度偏低，在阴雨天易聚集凝结水分，防潮性能不佳，也不适合存白茶。最合适的包装还是前文提到的"三层包装法"，既可隔绝异味和光线，又能保证白茶后期的正常陈化。

（5）温度

温度对茶叶的香气、汤色、滋味、形态均有很大的影响。温度每升高10℃，新茶陈化的速度提升3～5倍，温度越高，茶叶内含物质发生化学反应的速度就越快。

在干燥状态下，白茶中的酶基本失去活性，因此白茶的褐变主要是美拉德反应和酚类物质的褐变反应。美拉德反应主要的底物是糖与氨基酸。黄瑷对不同年份祁门红茶的研究发现，祁门红茶在贮存过程中的颜色变化主要分为美拉德反应和酚类物质的褐变两类。茶叶贮存过程中美拉德反应产生的物质也对茶叶色泽的形成有着重要的作用。美拉德反应进入后期，终产物类黑素会极大地影响茶汤的色泽。茶叶贮存过程中的美拉德反应终产物类黑素的积累是引起茶汤颜色不断变深的重要原因之一。

温度是美拉德反应中最重要的影响因素之一。一般情况下，美拉德反应速度随加工温度的上升而加快，香味物质也主要在较高温度下形成反应。若温度过高，时间过长，会使白茶中营养成分氨基酸和糖类遭到破坏；若温度过低，反应比较缓慢，同时也会影响香味物质的形成，达不到成品的风味效果。

如何控制温度？白茶理想的贮存温度是25℃。若在10℃以下存放，白茶褐变进程很缓慢，不能有效促进白茶内含物质的生化反应；而若温度过高，超过30℃则会导致白茶内含物质降解太快、香气过度挥发，使白茶的品质、香气、滋味都受影响。所以，如果在密封较好的情况下，干茶含水率控制在7%以下，家庭存放白茶在常温状态即可，短时间的高温和低温对白茶品质影响有限。要是盛夏时分受到阳光直射，长时间气温高于30℃，白茶则容易变质。对于冬季存白茶，北方的茶友在存茶时，还需要在远离暖气片的位置存放，以免

> 美拉德反应亦称非酶棕色化反应，是广泛存在于食品工业的一种非酶褐变。是羰基化合物（还原糖类）和氨基化合物（氨基酸和蛋白质）间的反应，经过复杂的历程最终生成棕色甚至是黑色的大分子物质类黑素（或称拟黑素），故又称羰氨反应（1912年法国化学家L.C.Maillard提出）。它对白茶的褐变和香气都有一定的影响。

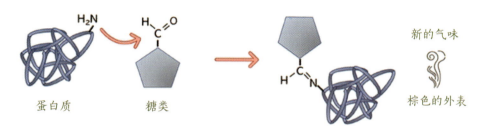

▲ 糖的羰基和蛋白质的氨基的美拉德反应

过于干燥，白茶品质受损。

总之，白茶不管是用来长期存放，还是直接品饮，要让白茶保持最佳风味，不跑气、不受潮、不变味是基本的要求，因此白茶贮存的关键是密封。

白茶很脆弱，水汽、阳光、高温、异味等，都会影响它的品质。没有密封好的白茶，会吸收空气中的水分。空气中，水分子无处不在，而茶叶恰好是吸收空气中水分的高手，让它长时间暴露在空气中，很容易吸进大量的水分，特别是在南方夏天湿热的环境里，时间长了，白茶的含水量会骤然增加。受潮的白茶，再加上高温，就会加速发酵，甚至会发生霉变，失去原有的风味，直至失去品饮的价值。

第七节　教你做好老白茶的专业收藏

如果大批量存放白茶，建议利用专业仓储设施，请专人保管。国家标准《白茶》（GB/T 22291—2017）和《紧压白茶》（GB/T 31751—2015）规定白茶和紧压白茶的贮存应符合 GB/T 30375 的规定，即茶叶含水率 ≤ 8.5%、贮存的环境温度 ≤ 25℃、相对湿度 ≤ 50%。团体标准《老白茶》（T/CSTEA 00021—2021）要求为环境温度 ≤ 35℃，相对宽松一些。为保证白茶存放过程中达到这些要求，福建农林大学、全国茶叶标准化技术委员会白茶工作组牵头制定，有关主管部门于 2020 年

▲ 标准茶仓一角

3月30日发布了地方标准《白茶储存技术规范》（DB35/T 1896—2020）。其中有如下几项关键性要求。

一、库房环境控制

1. 温度

库房内宜有通风散热措施，仓储时温度宜小于等于35℃。

2. 湿度

库房内应有除湿措施，相对湿度宜小于等于50%。

3. 光线

应避光保存，避免阳光直射。

4. 空气质量

应符合 GB/T 18883 的要求。

▲ 茶叶仓储空调

二、包装材料要求

①应用无毒、无异味、无污染的材料制成。

②内包装材料应符合 GB 4806.7—2023、GB 4806.8—2022 和 GB 4806.13—2023 的规定。

③外包装材质、标识涂料及密封胶应符合 GH/T 1070 的规定。宜采用纸箱、木箱等硬质容器，搬运过程可承受一定的冲击，储存和运输过程中保持清洁卫生，密封性能满足要求。

三、对货物堆放的要求

货堆间距≥1 m，并留有适宜的通道；货堆与顶棚、墙、灯之间应保持一定距离：顶距≥0.5 m，外墙距≥0.5 m，内墙距≥0.3 m，灯距≥0.5 m。

四、库房保质措施

1. 防潮措施

①防潮设施：货架应结构牢固，宜采用环保无异味的塑料垫板或木板作为货架层板，货架离地高度宜大于等于0.15 m。
②自然通风防潮：在晴天、无雾、空气清新干燥时可通风透气。
③吸潮法防潮：可用生石灰、木炭等吸湿剂吸收空气中水分。

2. 防高温措施

宜设有足够的通风装置如通风口、回风口等，通风装置及数量应能保证仓库内温度符合要求。

3. 防虫防鼠措施

①仓库与外界接触的出入口，应安装挡鼠板。
②仓库与外界接触的门、窗应有良好的密闭效果，防止昆虫、动物进入。

长期存放白茶，密封最为重要，企业最常用和最为稳妥的长期存茶方式是三层包装法，就是用铝箔袋、食品级塑料袋，还有标准五层瓦楞纸箱，将白茶层层密封起来。密封之后，空气就无法大量进入箱子里，茶叶无法和外界的水分和氧气接触，也就不会受潮生成酸味、霉味等异味，白茶的品质就不会受影响。纸箱内存留的少量氧气，足够让白茶自然陈化，转化出更多的有益物质。

做好了密封，还要注意离墙、离地放置，避光。白茶存放时应避免高温、高湿的环境。在南方存放白茶，仓库应增加空调和除湿设备，这样即便是遇到了湿热的天气，也不用担心白茶会受影响。

三层包装法

首先，把整理好的白茶放入一个铝箔袋之中，折好袋子，密封袋口。铝箔可以有效阻隔茶叶与外面空气接触。

然后，将整个袋子外层套入食品级塑料袋，将袋口用绳子系好。塑料袋可以进一步起到防护作用。

最后，将整个袋子放入大小适中的标准五层瓦楞纸箱中，用胶带密封封装，箱角要加上护角。箱子放在干燥、阴凉、无异味的仓库中，离墙、离地存放。箱子可以避免茶叶在运输过程中受到碰撞。

▲ 茶叶的三层包装

除了专业收藏者，我们还要再次叮嘱普通白茶爱好者：保存白茶时，散茶用铁罐，饼茶用牛皮纸密封袋。这两种保存工具有一个共同特点，那就是方便收纳，不占地方。日常保管白茶，大家选用存茶的工具主要有密封袋、铁罐、紫砂罐、陶罐、瓷罐、锡罐等。紫砂罐和陶罐，最大的硬伤在于它们透气性好，易吸收外界的水汽，无法为白茶提供足够的保护。锡罐和瓷罐气孔小、密封性好，也经常会用来存放白茶。

用铁罐、瓷罐、锡罐装茶，最好先用一个食品级塑料袋装茶叶，排出多余的空气，用密封夹夹紧，再装入罐内。频繁地取茶，增加了空气与茶的接触机会，随着罐里的茶叶数量日渐减少，空气也会逐渐增多，时间一长，缺点也就暴露出来。所以，铁罐、瓷罐、锡罐只能用于短期存茶，供日常饮茶使用。罐子里的白茶，如果没有及时喝完，等隔了三五个月或者大半年再打开，就会明

▲ 南方的茶仓

显感觉茶叶跑气了，茶的香气与滋味都不纯正，失去了原有的风味。因此，用茶叶罐保存的白茶，要及时喝掉。

还需要特别指出的是，中国南北地区在存茶条件方面存在差异：南方温度比较高、空气潮湿，白茶转化相对较快，但是容易出现仓味，存放难度较大。如果在家存放白茶，最好按照卖家原包装存放，如果要取用，以少开取、开启时间尽量短为原则。在梅雨季、南风天时，有条件的白茶爱好者可以用抽湿机来控制房间中空气的湿度。北方比较干燥，白茶转化较慢，在冬季没有暖气的库房就需要考虑低温导致停止转化的问题。

贮存在南方的白茶转化后，香气不如北方的清新高扬，茶汤也不如北方的清澈，但在南方存放的白茶滋味比北方的甜醇顺滑。综合来说，北方更适合贮存白茶，只是需要更多的时间。也有人采取南北结合的存放方式。即前3～5年，先将白茶在原产地福鼎、政和存放，经一定的转化后再放到北方长期贮存，这样可以弥补南、北存放条件的不足。一般情况下大包装存放的品质比小包装好。

🔺 2014年北方存放的白牡丹和南方存放的白牡丹比较，存放地从左至右依次为广东、北京、福鼎

白茶可品可藏，不同年份的白茶有不同的口感，可以满足不同消费者的品饮需求。新白茶类似绿茶，清新淡雅；老白茶类似普洱茶，越陈越好。白茶这种独特的商品属性，使其兼具品饮价值和收藏价值，引发了越来越多的消费者对白茶的热爱，也促进了白茶产业的快速发展。根据中国茶叶流通协会公布的数据，2022 年中国白茶年产量约 9.45 万吨，较 2021 年增长 1.26 万吨，同比增幅 15.41%，成为六大茶类中年产量增长最快的茶类。

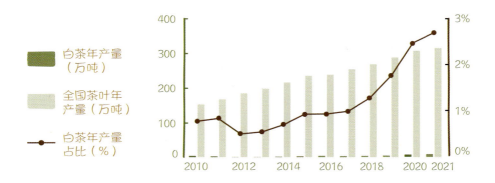

🔺 2010—2021年白茶年产量情况

第三章　收藏老白茶

白茶的价格基本处于稳步上涨的趋势，近几年涨幅较大，年涨幅基本在10%以上，特别是白毫银针的涨幅甚至能达到15%以上。白茶价格上涨的主要原因如下。

①由于同年份的白茶产量有限，需求和消费的增加使得年份白茶数量越来越少，推动价格上涨。据统计，每年喝白茶的人数增幅为20%～30%。

②白茶在存放过程中会发生不断的变化，每个阶段都有独特的风味特点，感受存放过程中的变化也是一种乐趣。尤其是高品质的白茶，越陈越醇香。随着存放时间的增长，白茶的香气变得更加纯正，口感更加圆润，转化出稀有的枣香、药香等风味，味道更为独特。现在，许多茶商、白茶爱好者、专业收藏家都在投资、收藏老白茶，老白茶成为投资、收藏的热点，推动了白茶价格的上涨，尤其是陈年银针，其价格几乎随时都有波动。

③人们越来越注重健康，白茶因其保健功效而备受消费者青睐。随着市场知名度和声誉的提高，白茶品牌的普及度和品牌价值也不断提高。也就是说，市场认可度越高，白茶市场的发展空间就越大。

白茶越陈越好的特性，赋予白茶独特的收藏价值，因此越来越多的人热衷于收藏白茶，但是任何投资都有风险，而且随着收藏市场的发展，白茶也会跟普洱茶一样，价格波动的幅度越来越大。如果只是作为白茶爱好者，为了品饮需求收藏一些老白茶，存放得当就没有问题；如果作为投资者，没有专业知识和技能，还是选择一些大的品牌为好。

附录
白茶、紧压白茶国家标准

ICS 67.140.10
X 55

中华人民共和国国家标准

GB/T 22291—2017
代替 GB/T 22291—2008

白　　茶

White tea

2017-11-01 发布　　　　　　　　　　2018-05-01 实施

中华人民共和国国家质量监督检验检疫总局
中国国家标准化管理委员会　　发布

GB/T 22291—2017

前　言

本标准按照 GB/T 1.1—2009 给出的规则起草。
本标准代替 GB/T 22291—2008《白茶》。与 GB/T 22291—2008 相比,除编辑性修改外主要技术变化如下:
——调整部分引用标准;
——增加术语和定义;
——产品中增加"寿眉"并规定相应的感官品质和理化指标;
——理化指标中增加水浸出物指标。
本标准由中华全国供销合作总社提出。
本标准由全国茶叶标准化技术委员会(SAC/TC 339)归口。
本标准起草单位:中华全国供销合作总社杭州茶叶研究院、福建省裕荣香茶业有限公司、福鼎市质量计量检测所、福建品品香茶业有限公司、福建省天湖茶业有限公司、政和县白牡丹茶业有限公司、政和县稻香茶业有限公司、福建农林大学、国家茶叶质量监督检验中心、中国茶叶流通协会。
本标准主要起草人:翁昆、蔡良绥、潘德贵、林健、林有希、余步贵、黄礼灼、赵玉香、孙威江、张亚丽、蔡清平、邹新武、朱仲海。
本标准所代替标准的历次版本发布情况为:
——GB/T 22291—2008。

I

GB/T 22291—2017

白 茶

1 范围

本标准规定了白茶的产品与实物标准样、要求、试验方法、检验规则、标志标签、包装、运输和贮存。

本标准适用于以茶树 *Camellia sinensis*(Linnaeus.)O.Kuntze 的芽、叶、嫩茎为原料,经萎凋、干燥、拣剔等特定工艺过程制成的白茶。

2 规范性引用文件

下列文件对于本文件的应用是必不可少的。凡是注日期的引用文件,仅注日期的版本适用于本文件。凡是不注日期的引用文件,其最新版本(包括所有的修改单)适用于本文件。

GB/T 191　包装储运图示标志
GB 2762　食品安全国家标准　食品中污染物限量
GB 2763　食品安全国家标准　食品中农药最大残留限量
GB 7718　食品安全国家标准　预包装食品标签通则
GB/T 8302　茶　取样
GB/T 8303　茶　磨碎试样的制备及其干物质含量测定
GB/T 8304　茶　水分测定
GB/T 8305　茶　水浸出物测定
GB/T 8306　茶　总灰分测定
GB/T 8311　茶　粉末和碎茶含量测定
GB/T 14487　茶叶感官审评术语
GB/T 23776　茶叶感官审评方法
GB/T 30375　茶叶贮存
GH/T 1070　茶叶包装通则
JJF 1070　定量包装商品净含量计量检验规则
定量包装商品计量监督管理办法　国家质量监督检验检疫总局令〔2005〕第 75 号
国家质量监督检验检疫总局关于修改《食品标识管理规定》的决定　国家质量监督检验检疫总局令〔2009〕第 123 号

3 术语和定义

GB/T 14487 界定的以及下列术语和定义适用于本文件。

3.1
白毫银针　Baihaoyinzhen
以大白茶或水仙茶树品种的单芽为原料,经萎凋、干燥、拣剔等特定工艺过程制成的白茶产品。

3.2
白牡丹　Baimudan
以大白茶或水仙茶树品种的一芽一、二叶为原料,经萎凋、干燥、拣剔等特定工艺过程制成的白茶

GB/T 22291—2017

产品。

3.3
    贡眉 Gongmei
    以群体种茶树品种的嫩梢为原料,经萎凋、干燥、拣剔等特定工艺过程制成的白茶产品。

3.4
    寿眉 Shoumei
    以大白茶、水仙或群体种茶树品种的嫩梢或叶片为原料,经萎凋、干燥、拣剔等特定工艺过程制成的白茶产品。

4 产品与实物标准样

4.1 白茶根据茶树品种和原料要求的不同,分为白毫银针、白牡丹、贡眉、寿眉四种产品。

4.2 每种产品的每一等级均设实物标准样,每三年更换一次。

5 要求

5.1 基本要求

具有正常的色、香、味,不含有非茶类物质和添加剂,无异味,无异嗅,无劣变。

5.2 感官品质

5.2.1 白毫银针的感官品质应符合表1的规定。

表 1 白毫银针的感官品质

级别	项目							
	外形				内质			
	条索	整碎	净度	色泽	香气	滋味	汤色	叶底
特级	芽针肥壮、茸毛厚	匀齐	洁净	银灰白富有光泽	清纯、毫香显露	清鲜醇爽、毫味足	浅杏黄、清澈明亮	肥壮、软嫩明亮
一级	芽针秀长、茸毛略薄	较匀齐	洁净	银灰白	清纯、毫香显	鲜醇爽、毫味显	杏黄、清澈明亮	嫩匀明亮

5.2.2 白牡丹的感官品质应符合表2的规定。

表 2 白牡丹的感官品质

级别	项目							
	外形				内质			
	条索	整碎	净度	色泽	香气	滋味	汤色	叶底
特级	毫心多肥壮、叶背多茸毛	匀整	洁净	灰绿润	鲜嫩、纯爽毫香显	清甜醇爽毫味足	黄、清澈	芽心多,叶张肥嫩明亮

2

表 2（续）

级别	项目							
	外形				内质			
	条索	整碎	净度	色泽	香气	滋味	汤色	叶底
一级	毫心较显、尚壮、叶张嫩	尚匀整	较洁净	灰绿尚润	尚鲜嫩、纯爽有毫香	较清甜醇爽	尚黄、清澈	芽心较多、叶张嫩、尚明
二级	毫心尚显、叶张尚嫩	尚匀	含少量黄绿片	尚灰绿	浓纯、略有毫香	尚清甜醇厚	橙黄	有芽心、叶张尚嫩、稍有红张
三级	叶缘略卷、有平展叶、破张叶	欠匀	稍夹黄片腊片	灰绿稍暗	尚浓纯	尚厚	尚橙黄	叶张尚软有破张、红张稍多

5.2.3 贡眉的感官品质应符合表 3 的规定。

表 3 贡眉的感官品质

级别	项目							
	外形				内质			
	条索	整碎	净度	色泽	香气	滋味	汤色	叶底
特级	叶态卷、有毫心	匀整	洁净	灰绿或墨绿	鲜嫩、有毫香	清甜醇爽	橙黄	有芽尖、叶张嫩亮
一级	叶态尚卷、毫尖尚显	较匀	较洁净	尚灰绿	鲜纯、有嫩香	醇厚尚爽	尚橙黄	稍有芽尖、叶张软尚亮
二级	叶态略卷稍展、有破张	尚匀	夹黄片铁板片少量腊片	灰绿稍暗、夹红	浓纯	浓厚	深黄	叶张较粗、稍摊、有红张
三级	叶张平展、破张多	欠匀	含鱼叶蜡片较多	灰黄夹红稍暗	浓、稍粗	厚、稍粗	深黄微红	叶张粗杂、红张多

5.2.4 寿眉的感官品质应符合表 4 的规定。

表 4 寿眉的感官品质

级别	项目							
	外形				内质			
	条索	整碎	净度	色泽	香气	滋味	汤色	叶底
一级	叶态尚紧卷	较匀	较洁净	尚灰绿	纯	醇厚尚爽	尚橙黄	稍有芽尖、叶张软尚亮
二级	叶态略卷稍展、有破张	尚匀	夹黄片铁板片少量腊片	灰绿稍暗、夹红	浓纯	浓厚	深黄	叶张较粗、稍摊、有红张

GB/T 22291—2017

5.3 理化指标

理化指标应符合表5的规定。

表 5 理化指标

项目		指标
水分(质量分数)/%	≤	8.5
总灰分(质量分数)/%	≤	6.5
粉末(质量分数)/%	≤	1.0
水浸出物(质量分数)/%	≥	30

注：粉末含量为白牡丹、贡眉和寿眉的指标。

5.4 卫生指标

5.4.1 污染物限量指标应符合 GB 2762 的规定。
5.4.2 农药残留限量指标应符合 GB 2763 的规定。

5.5 净含量

应符合《定量包装商品计量监督管理办法》的规定。

6 试验方法

6.1 感官品质

按 GB/T 23776 的规定执行。

6.2 理化指标

6.2.1 试样的制备按 GB/T 8303 的规定执行。
6.2.2 水分检验按 GB/T 8304 的规定执行。
6.2.3 总灰分检验按 GB/T 8306 的规定执行。
6.2.4 粉末检验按 GB/T 8311 的规定执行。
6.2.5 水浸出物检验按 GB/T 8305 的规定执行。

6.3 卫生指标

6.3.1 污染物限量检验按 GB 2762 的规定执行。
6.3.2 农药残留限量检验按 GB 2763 的规定执行。

6.4 净含量

按 JJF 1070 的规定执行。

7 检验规则

7.1 取样

7.1.1 取样以"批"为单位，同一批投料生产、同一班次加工过程中形成的独立数量的产品为一个批次，

GB/T 22291—2017

同批产品的品质和规格一致。

7.1.2 取样按 GB/T 8302 的规定执行。

7.2 检验

7.2.1 出厂检验

每批产品均应做出厂检验,经检验合格签发合格证后,方可出厂。出厂检验项目为感官品质、水分和净含量。

7.2.2 型式检验

型式检验项目为第 5 章要求中的全部项目,检验周期每年一次。有下列情况之一时,应进行型式检验:
 a) 如原料有较大改变,可能影响产品质量时;
 b) 出厂检验结果与上一次型式检验结果有较大出入时;
 c) 国家法定质量监督机构提出型式检验要求时。
型式检验时,应按第 5 章要求全部进行检验。

7.3 判定规则

按第 5 章要求的项目,任一项不符合规定的产品均判为不合格产品。

7.4 复验

对检验结果有争议时,应对留存样或在同批产品中重新按 GB/T 8302 规定加倍取样进行不合格项目的复验,以复验结果为准。

8 标志标签、包装、运输和贮存

8.1 标志标签

产品的标志应符合 GB/T 191 的规定,标签应符合 GB 7718 和《国家质量监督检验检疫总局关于修改〈食品标识管理规定〉的决定》的规定。

8.2 包装

应符合 GH/T 1070 的规定。

8.3 运输

运输工具应清洁、干燥、无异味、无污染。运输时应有防雨、防潮、防晒措施。不得与有毒、有害、有异味、易污染的物品混装、混运。

8.4 贮存

应符合 GB/T 30375 的规定。产品可长期保存。

ICS 67.140.10
X 55

中华人民共和国国家标准

GB/T 31751—2015

紧 压 白 茶

Compressed white tea

2015-07-03 发布　　　　　　　　　　　　　　　2016-02-01 实施

中华人民共和国国家质量监督检验检疫总局
中国国家标准化管理委员会　发布

前　言

本标准按照 GB/T 1.1—2009 给出的规则起草。
请注意本文件的某些内容可能涉及专利。本文件的发布机构不承担识别这些专利的责任。
本标准由中华全国供销合作总社提出。
本标准由全国茶叶标准化技术委员会(SAC/TC 339)归口。
本标准起草单位：福建省福鼎市质量计量检测所、中华全国供销合作总社杭州茶叶研究院、福建农林大学、福建品品香茶业有限公司、福建省天湖茶业有限公司、福建省天丰源茶业有限公司。
本标准主要起草人：潘德贵、蔡良绥、翁昆、孙威江、刘乾刚、蔡清平、耿宗钦、王传意、张亚丽。

GB/T 31751—2015

紧 压 白 茶

1 范围

本标准规定了紧压白茶的定义、分类与实物标准样、要求、试验方法、检验规则、标签标志、包装、运输和贮存。

本标准适用于以白茶为原料，经整理、拼配、蒸压定型、干燥等工序制成的产品。

2 规范性引用文件

下列文件对于本文件的应用是必不可少的。凡是注日期的引用文件，仅注日期的版本适用于本文件。凡是不注日期的引用文件，其最新版本（包括所有的修改单）适用于本文件。

GB/T 191　包装储运图示标志
GB 2762　食品安全国家标准　食品中污染物限量
GB 2763　食品安全国家标准　食品中农药最大残留限量
GB 7718　食品安全国家标准　预包装食品标签通则
GB/T 8302　茶　取样
GB/T 8303　茶　磨碎试样的制备及其干物质含量测定
GB/T 8304　茶　水分测定
GB/T 8305　茶　水浸出物测定
GB/T 8306　茶　总灰分测定
GB/T 9833.1—2013　紧压茶　第1部分：花砖茶
GB/T 23776　茶叶感官审评方法
GB/T 30375　茶叶贮存
GH/T 1070　茶叶包装通则
JJF 1070　定量包装商品净含量计量检验规则
定量包装商品计量监督管理办法（国家质量监督检验检疫总局〔2005〕第75号令）

3 术语和定义

下列术语和定义适用于本文件。

3.1

紧压白茶　compressed white tea

以白茶（白毫银针、白牡丹、贡眉、寿眉）为原料，经整理、拼配、蒸压定型、干燥等工序制成的产品。

4 分类与实物标准样

4.1 紧压白茶根据原料要求的不同，分为紧压白毫银针、紧压白牡丹、紧压贡眉和紧压寿眉四种产品。
4.2 每种产品均不分等级，实物标准样为每种产品品质的最低界限，每五年更换一次。

5 要求

5.1 基本要求

5.1.1 具有正常的色、香、味，无异味、无异嗅、无霉变、无劣变。
5.1.2 不含有非茶类物质，不着色、无任何添加剂。

5.2 感官品质

感官品质应符合表1的要求。

表 1 紧压白茶感官品质要求

产品	外形	内质			
		香气	滋味	汤色	叶底
紧压白毫银针	外形端正匀称、松紧适度、表面平整、无脱层、不洒面；色泽灰白，显毫	清纯、毫香显	浓醇、毫味显	杏黄明亮	肥厚软嫩
紧压白牡丹	外形端正匀称、松紧适度、表面较平整、无脱层、不洒面；色泽灰绿或灰黄，带毫	浓纯、有毫香	醇厚、有毫味	橙黄明亮	软嫩
紧压贡眉	外形端正匀称、松紧适度、表面较平整；色泽灰黄夹红	浓纯	浓厚	深黄或微红	软尚嫩、带红张
紧压寿眉	外形端正匀称、松紧适度、表面较平整；色泽灰褐	浓、稍粗	厚、稍粗	深黄或泛红	略粗、有破张、带泛红叶

5.3 理化指标

理化指标应符合表2的规定。

表 2 理化指标

项目	紧压白毫银针	紧压白牡丹	紧压贡眉	紧压寿眉
水分(质量分数)/%	≤8.5			
总灰分(质量分数)/%	≤6.5			≤7.0
茶梗(质量分数)/%	不得检出		≤2.0	≤4.0
水浸出物(质量分数)/%	≥36.0		≥34.0	≥32.0

注：茶梗指木质化的茶树麻梗、红梗、白梗，不包括节间嫩茎。

5.4 卫生指标

5.4.1 污染物限量应符合 GB 2762 的规定。
5.4.2 农药残留限量应符合 GB 2763 的规定。

GB/T 31751—2015

5.5 净含量

应符合《定量包装商品计量监督管理办法》的规定。

6 试验方法

6.1 感官品质

感官品质检验按 GB/T 23776 的规定执行。

6.2 理化指标

6.2.1 试样的制备按 GB/T 8303 的规定执行。
6.2.2 水分检验按 GB/T 8304 的规定执行。
6.2.3 总灰分检验按 GB/T 8306 的规定执行。
6.2.4 茶梗检验按 GB/T 9833.1—2013 附录 A 的规定执行。
6.2.5 水浸出物检验按 GB/T 8305 的规定执行。

6.3 卫生指标

6.3.1 污染物限量检验按 GB 2762 的规定执行。
6.3.2 农药残留量检验按 GB 2763 的规定执行。

6.4 净含量

净含量检验按 JJF 1070 的规定执行。

7 检验规则

7.1 取样

7.1.1 取样以"批"为单位,同一批投料生产、同一班次加工过程中形成的独立数量的产品为一个批次,同批产品的品质和规格一致。
7.1.2 取样按 GB/T 8302 的规定执行。

7.2 检验

7.2.1 出厂检验

每批产品均应做到出厂检验,经检验合格签发合格证后,方可出厂。出厂检验项目为感官品质、水分、茶梗和净含量。

7.2.2 型式检验

型式检验项目为第 5 章要求中的全部项目,检验周期每年一次。有下列情况之一时,应进行型式检验:
  a) 如原料有较大改变,可能影响产品质量时;
  b) 出厂检验结果与上一次型式检验结果有较大出入时;
  c) 国家法定质量监督机构提出型式检验要求时。

型式检验时,应按第 5 章要求全部进行检验。

7.3 判定规则

按第 5 章要求的项目，任一项不符合规定的产品均判为不合格产品。

7.4 复检

对检验结果有争议时，应对留存样或在同批产品中重新按 GB/T 8302 规定加倍取样进行不合格项目的复检，以复检结果为准。

8 标签标志、包装、运输和贮存

8.1 标签标志

产品的标签应符合 GB 7718 的规定，包装贮运图示标志应符合 GB/T 191 的规定。

8.2 包装

应符合 GH/T 1070 的规定。

8.3 运输

运输工具应清洁、干燥、无异味、无污染。运输时应有防雨、防潮、防曝晒措施。不得与有毒、有害、有异味、易污染的物品混装、混运。

8.4 贮存

应符合 GB/T 30375 的规定。

答 谢 名 单

🍃 茶样提供：

福鼎白茶年份茶样以福建省天湖茶业有限公司的为主

福建太姥珍毫茶业有限公司、河南郑州国香茶城、河南水润茶木间茶馆提供了特殊年份的茶样

政和老白茶年份茶样以福建白江山茶业有限公司、福建省政和云根茶业有限公司的为主

🍃 茶样拍摄：

福建毫厘文化有限公司

问山茶友会

参 考 文 献

[1] 安徽农学院. 制茶学：第 2 版 [M]. 北京：中国农业出版社，1979.

[2] 袁弟顺. 中国白茶 [M]. 厦门：厦门大学出版社，2006.

[3] 郝连奇. 白茶密码 [M]. 武汉：华中科技大学出版社，2023.

[4] 危赛明. 白茶经营史录 [M]. 北京：中国农业出版社，2017.

[5] 张天福. 福建白茶的调查研究 [G]// 福建省茶叶学会. 白茶研究资料汇集：1963—1964. 福州：福建省茶叶学会，1965：65-76.

[6] 吴全金，周喆，漆思雨，等. 炭焙和电焙白茶的关键风味物质和品质差异 [J]. 食品科学，2023,44（18）：259-267.

[7] 杨伟丽，肖文军，邓克尼. 加工工艺对不同茶类主要生化成分的影响 [J]. 湖南农业大学学报（自然科学版），2001,27（5）：384-386.

[8] 刘谊健，郭玉琼，詹梓金. 白茶制作过程主要化学成分转化与品质形成探讨 [J]. 福建茶叶，2003（4）：13-14.

[9] 丁玎，宁井铭，张正竹. 不同等级和储藏时间白茶香气组分差异性研究 [J]. 安徽农业大学学报，2016，43（3）：337-344.

[10] 张丹，任苧，李博，等. 压饼及湿热工艺对白茶品质和抗氧化活性的影响 [J]. 茶叶，2017，43（1）：19-23.

[11] 丁玎. 不同等级和储藏时间白茶主要化学品质成分分析 [D]. 安徽农业大学学报，2016.

[12] 周琼琼，孙威江，叶艳，等. 不同年份白茶的主要生化成分分析 [J]. 食品工业科技，2014，35（9）：351-354+359.

[13] 刘琳燕，周子维，邓慧莉，孙云，等. 不同年份白茶的香气成分 [J]. 福

建农林大学学报（自然科学版），2015，44（1）：27-33.

[14] 解东超，戴伟东，林智. 年份白茶中 EPSF 类成分研究进展 [J]. 中国茶叶，2019，41（3）：7-10.

[15] 黄瑷. 不同储藏年份祁门红茶品质变化及关键代谢物差异 [D]. 合肥：安徽农业大学，2022.

[16] 戴伟东，解东超，林智. 白茶功能性成分及保健功效研究进展 [J]. 中国茶叶，2021，43（4）：1-8.